Einzelkonstruktionen aus dem Maschinenbau

Herausgegeben von Dipl.-Ing. C. Volk-Berlin □ □ □ Zehntes Heft

Die Bauteile der Dampfturbinen

von

Dr.-Ing. **Georg Karraß**

Mit 143 Textabbildungen

Berlin
Verlag von Julius Springer
1927

ISBN-13:978-3-642-89930-0 e-ISBN-13:978-3-642-91787-5
DOI: 10.1007/978-3-642-91787-5

Vorwort.

Die Einführung der Dampfturbinen als der ersten schnell umlaufenden Kraftmaschinen hat den Anstoß zur Ausbildung einer Reihe von Maschinenteilen gegeben, die von den bekannten Bauteilen der Kolbendampfmaschinen und Wasserturbinen erheblich abwichen. Einige Aufgaben der Mechanik und Festigkeitslehre, wie die Ermittlung der kritischen Umlaufzahl und der Spannungen in schnell umlaufenden Scheiben, erhielten eine erhebliche technische Bedeutung und drängten zur Lösung.

Einen neuen Anstoß zu geänderter Gestaltung erhielt der Dampfturbinenbau durch die Bestrebungen auf Erhöhung der Wirtschaftlichkeit, die nach dem Kriege kräftig einsetzten. Die Anwendung hohen Dampfdrucks und kleiner Dampfgeschwindigkeiten führten zur Vielstufigkeit und diese wieder, hauptsächlich in Rücksicht auf die kritische Umlaufzahl, zur Mehrgehäuseturbine. Während bei den Großturbinen der unmittelbare Antrieb der Drehstromerzeuger mit 1500 oder 3000 Uml. beibehalten wird, gibt die betriebssichere Ausbildung der Zahnradumformer die Möglichkeit, bei kleinen Turbineneinheiten die Umlaufzahl der Turbine erheblich zu erhöhen, oder aber — wie bei den Schiffsturbinen — die Umlaufzahl der angetriebenen Welle wesentlich herabzusetzen, und so trotz gegen die früheren Ausführungen verkürzter Baulänge größere Wirtschaftlichkeit zu erzielen. Die Entwicklungsrichtung des derzeitigen Dampfturbinenbaues ist von dem Direktor der AEG-Turbinenfabrik, Dr.-Ing. E. A. Kraft, dargestellt in: Die neuzeitliche Dampfturbine, Berlin 1926, woraus auch einige Abbildungen entnommen sind.

In dem vorliegenden Heft soll nur die rein bauliche Gestaltung der Dampfturbinenteile behandelt werden, auf die thermodynamische Berechnung ist daher nicht eingegangen, obwohl die Verwendung der Geschwindigkeitsrisse z. B. bei der Laufschaufelberechnung sich nicht völlig vermeiden läßt. Die verschiedenen Bauarten der Regelung hängen so eng mit der wärmetechnischen Berechnung — insbesondere bei Entnahme-, Anzapf- und Zweidruckturbinen — zusammen, daß sich die Ermittlung ihrer Abmessungen nur in diesem Zusammenhang ausreichend darstellen läßt; von ihrer Aufnahme ist daher abgesehen.

Es war das Bestreben des Verfassers, die Entwicklung und die charakteristischen Unterschiede der einzelnen Bauformen hervorzuheben, ohne daß natürlich sämtliche vorhandenen Konstruktionen, z. B. der Laufschaufelbefestigung, behandelt werden können. In bezug auf die Gestaltung ist der Konstrukteur ja auch ziemlich an die Ausführungen seiner Firma gebunden. Die Festigkeitsrechnungen sind dagegen soweit als möglich durchgebildet und in Form von Tabellen und Kurven dargestellt, um die Rechnungsarbeit im praktischen Einzelfalle einfach zu gestalten. Die behandelten Beispiele sind nur soweit vereinfacht, daß ihre Verfolgung erleichtert wird, sie aber gleichzeitig einen Anhalt für die wirklich vorkommenden Größenordnungen gewähren.

Den Firmen, die in zuvorkommendster Weise durch Hergabe von neuesten Unterlagen die Arbeit unterstützt haben, nämlich:

AEG-Turbinenfabrik, Berlin,
Bergmann-Elektricitätswerke AG., Berlin,
A. Borsig, G. m. b. H., Berlin-Tegel,
Brown, Boveri & Cie., Mannheim-Käfertal,
Erste Brünner Maschinenfabriksgesellschaft, Brünn,
Escher Wyss & Cie., Zürich,
Isolation AG., Mannheim,
Kühnle, Kopp & Kausch AG., Frankenthal (Pfalz),
Thyssen & Co., AG., Mülheim-Ruhr,
Wumag, Waggon- und Maschinenbau-A.G., Görlitz,

sowie seinen Kollegen Herren Dr.-Ing. K. Lachmann und Dr.-Ing. M. Krause für ihre freundliche Durchsicht der Abschnitte: Berechnung der Trommeln und Laufscheiben bzw. Berechnung der Wellen spricht der Verfasser seinen verbindlichsten Dank aus.

Berlin-Steglitz, im Juni 1927.

Dr.-Ing. **Georg Karraß.**

Inhaltsverzeichnis.

I. Gehäuse.

A. Baustoffe und Ausführung.

Die Turbinengehäuse werden aus Gußeisen, meist einem Spezial-Heißdampfgußeisen hergestellt, größere oder solche für sehr hohen Druck aus Stahlguß, ausnahmsweise aus SM-Stahl. Die Gehäuse — mit Ausnahme der kleinsten — werden meist ohne Modell nach Schablonen und Lehren in Lehm geformt. Vor der Bearbeitung sind die Gehäuse auszuglühen, um Gußspannungen auszugleichen. Die Teilung kleiner Gehäuse mit nur einem Rad erfolgt in senkrechter Richtung, so daß das Rad samt der Welle vor Kopf herausgezogen wird. Abb. 1 zeigt ein derartig geteiltes Gehäuse einer Radialturbine nach der Ausführung von Kühnle, Kopp und Kausch. Bei mehrstufigen Turbinen erfolgt die Teilung in der wagerechten Fuge, um nach Abheben des Deckels an die Laufräder herankommen zu können. Große Gehäuse werden außerdem der einfacheren Herstellung und des Gewichts wegen durch senkrechte Teilung in mehrere Stücke zerlegt. Die Führung in der wagerechten Fuge erfolgt durch Führungssäulen, die länger als die längste Laufschaufel ausgeführt, oben zugespitzt und in die Flanschen eingeschraubt werden, so daß eine Beschädigung der Schaufelung durch Hin- und Herpendeln des Deckels beim Aufsetzen ausgeschlossen erscheint (Abb. 2). Zur Erzielung der Zentrierung genügen zwei derartiger Führungssäulen; bei Schiffsturbinen werden vier sehr lange Säulen angeordnet und oberhalb der Turbine durch einen Rahmen zu einem vollständigen Gerüst zusammengeschlossen, in dem der Deckel auch bei Schlagseite des Schiffes sicher geführt ist. Bei großen Turbinengehäusen ist der Einströmkasten, in dem sich die Regulierventile befinden, getrennt aufgesetzt. Je nach dem Beaufschlagungsgrad ergeben sich verschiedene Ausführungsformen, die in Abb. 3 nach Bauarten der AEG wiedergegeben sind[1]). Bei kleiner Beaufschlagung genügt die Einführung des Einströmkastens von außen. Die Dampfzuführung ist mit dem Einströmkasten unmittelbar verbunden. Bei höherer Beaufschlagung werden die Dampfeinströmkanäle vom Einströmkasten getrennt und von innen eingeführt, um mit kleineren Öffnungen an der Stelle des höchsten Dampfdrucks auszukommen. Bei sehr großer bis voller Beaufschlagung endlich sind die Einströmkanäle im Gehäuse eingegossen und nur die Regulierventile aufgesetzt.

Abb. 4 zeigt das aus Stahlguß hergestellte Vorderteil eines Hochdruckturbinengehäuses der AEG und die Anordnung der Düsenkästen; die zur Werkstoffprüfung erforderlichen Probestäbe werden einem Anguß der wagerechten Teilflanschen entnommen.

Das Gehäuse der Bergmann-Elektr.-W. ist horizontal geteilt und auf der Vorderseite durch einen getrennten, einteiligen Deckel mit angeschraubtem Düsensatz abgeschlossen, wie aus Abb. 5 ersichtlich ist.

Hochdruckstufen sind häufig nur teilweise beaufschlagt; bei solchen teilbeaufschlagten Stufen ist der Reibungsverlust hauptsächlich durch die Ventilationsarbeit der unbeaufschlagt umlaufenden Laufschaufeln bedingt. Die in Abb. 6 dargestellte Abdeckung verringert diesen Verlust in erheblichem Maße. Natürlich muß das Ge-

---

[1]) Entnommen aus: Dr.-Ing. E. A. Kraft, Die neuzeitliche Dampfturbine.

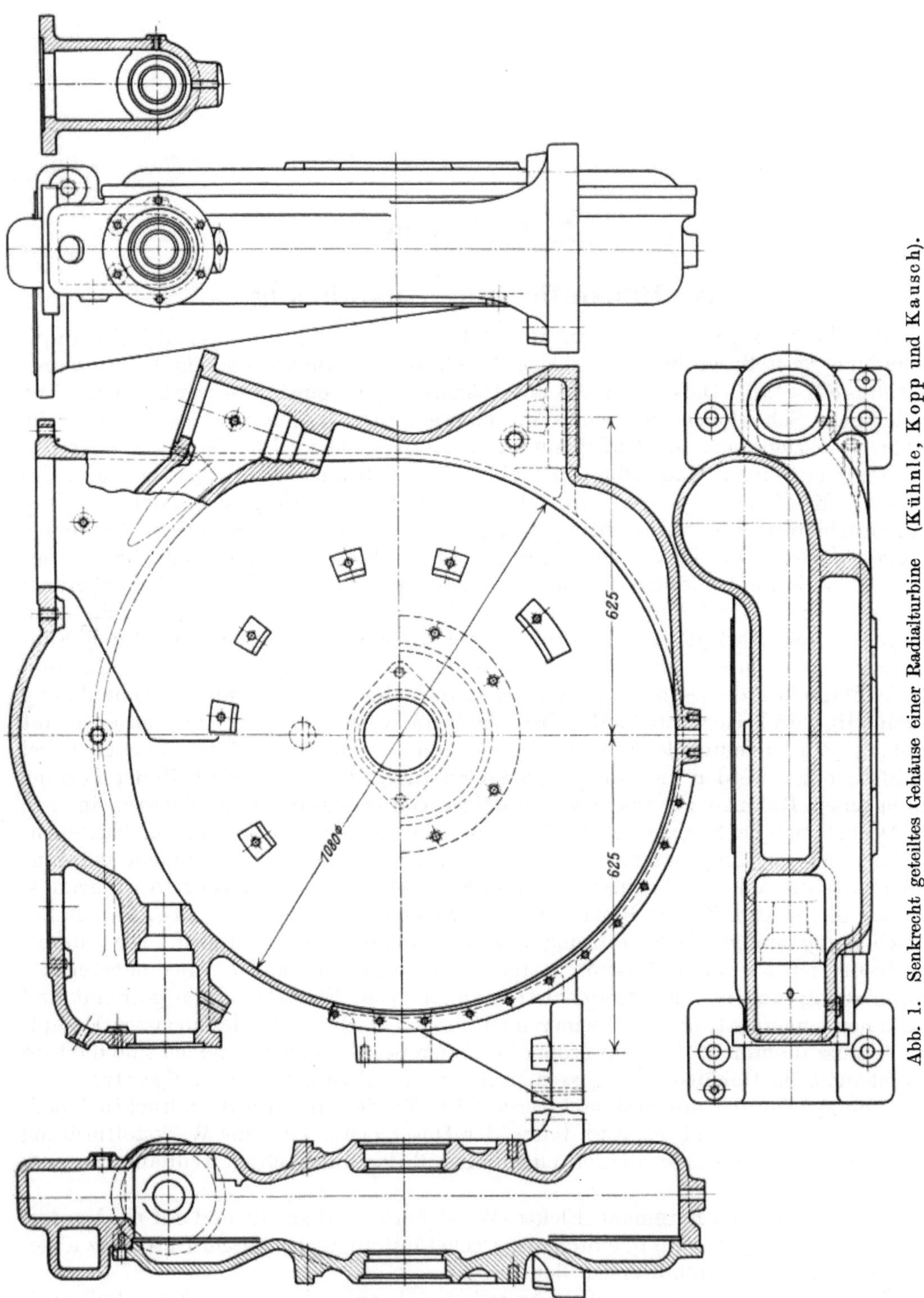

Abb. 1. Senkrecht geteiltes Gehäuse einer Radialturbine (Kühnle, Kopp und Kausch).

häuse dem Läufer, z. B. bei wachsendem Durchmesser der Laufscheiben, angepaßt werden, wie es in dem in Abb. 7 dargestellten Gehäuseunterteil der Kondensatorseite einer Turbine von A. Borsig zu erkennen ist. Da die Kugel die größte Festigkeit

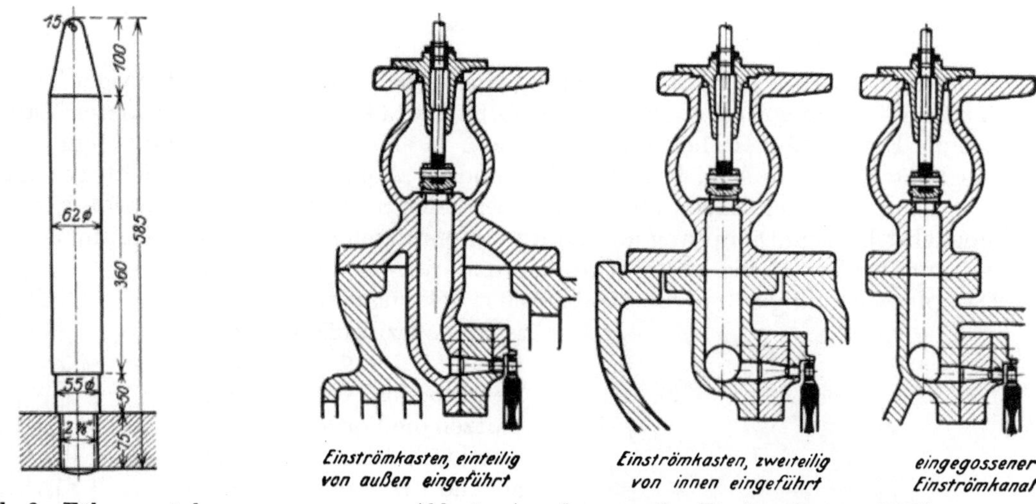

Abb. 2. Führungssäule.

Abb. 3. Anordnungen des Einströmkastens (AEG).

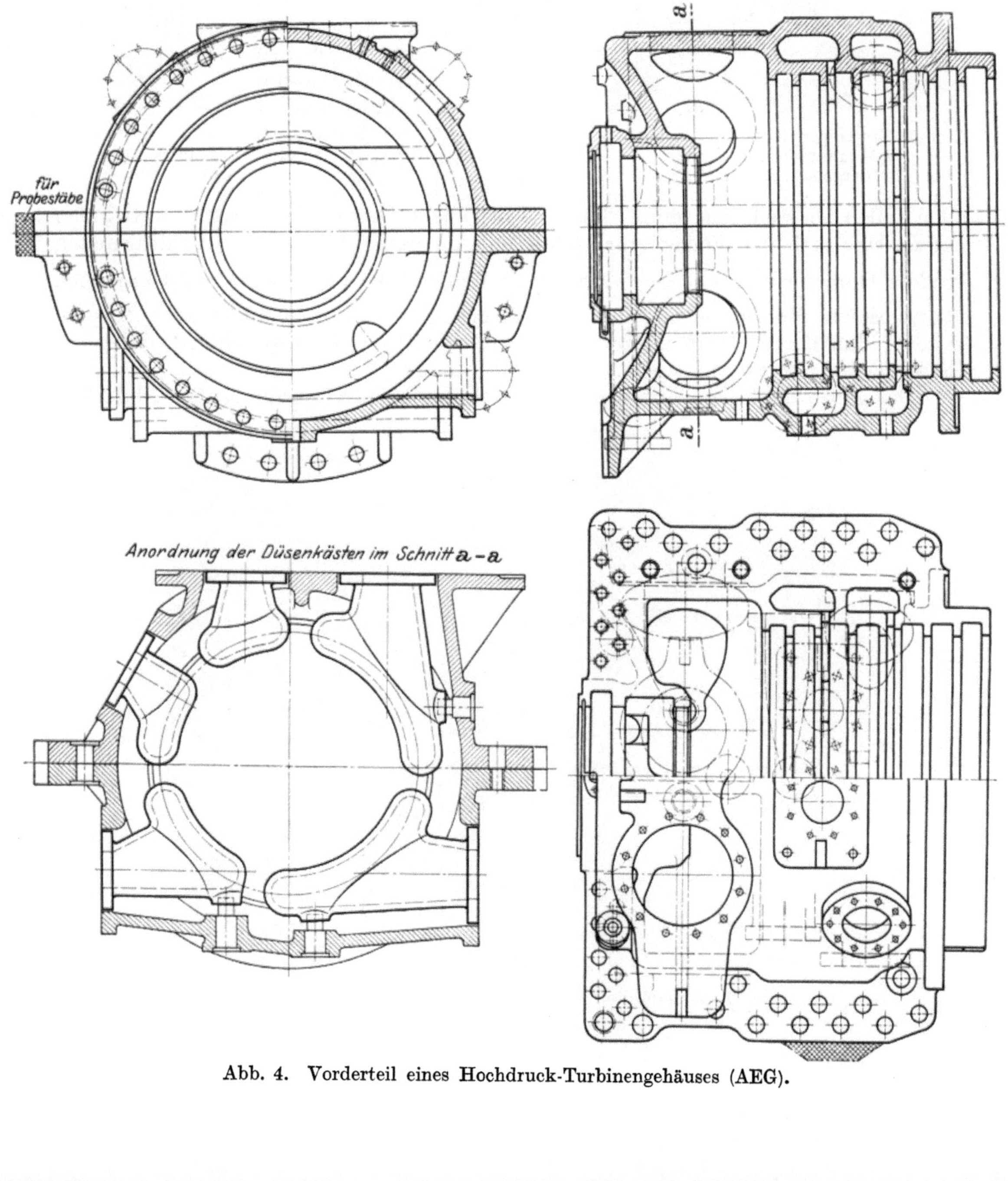

Abb. 4. Vorderteil eines Hochdruck-Turbinengehäuses (AEG).

gegen inneren Druck ergibt, werden die Hochdruckgehäuse mehrgehäusiger Turbinen der Kugelform möglichst angenähert (Abb. 8). Die höhere Festigkeit gewalzten Materials hat die Erste Brünner Maschinenfabriksges. in einer Bauart mit genietetem Gehäuse ausgenutzt, die in Abb. 9 im Schnitt und in Abb. 10 in der Ansicht gezeigt ist.

Dampfturbinen haben stets einen besonderen Oberflächenkondensator, der mit möglichst kurzem Dampfweg an den Abdampfstutzen angeschlossen ist, um das Vakuum unmittelbar an die letzte Stufe heranzubringen. Obwohl hohe Dampfgeschwindigkeiten von 100 bis 150 m/sek zugelassen werden, ist das spezifische Dampfvolumen bei hohem Vakuum so groß, daß die Abdampfstutzen die Form des Niederdruckteils des Gehäuses maßgebend bestimmen. Die Abmessungen, insbesondere die Wandstärke der Gehäuse, sind infolge der komplizierten Form mit zahlreichen Öffnungen rechnerisch kaum zu ermitteln. Maßgebend ist auch nicht die Festigkeit, sondern lediglich die Formänderung, da das Gehäuse in allen Teilen so steif sein muß, daß eine merkliche Durchbiegung nicht stattfinden kann. Die nach der Formel für Rohre mit innerem Druck und verhältnismäßig großem Durchmesser: $s = \frac{D \cdot p}{2 \cdot \sigma_{zul}}$ ermittelte Wandstärke wird daher meist erheblich überschritten. Bei der Formgebung und Bemessung darf nicht außer acht gelassen werden, daß der Abdampfstutzen durch äußeren Druck beansprucht ist, daher die Gefahr des Einknickens besteht.

Abb. 5. Einteiliger Gehäusedeckel mit angeschraubtem Düsensatz. (Bergmann-Elektr.-W.)

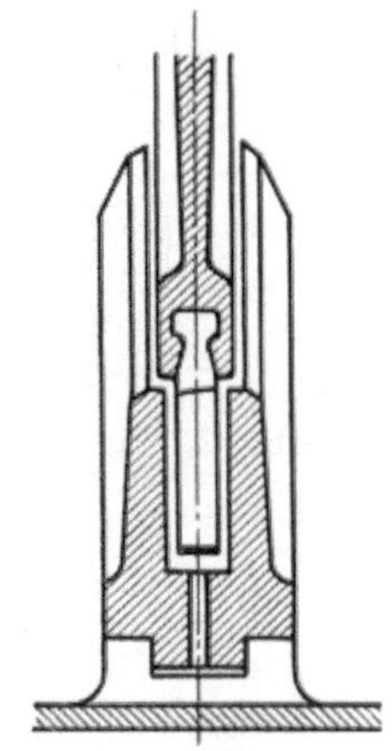

Abb. 6. Abdeckring für teilweise beaufschlagte Druckstufen.

Das ganze Gehäuse dehnt sich im Betrieb durch die Erwärmung; der Abdampf-

Abb. 7. Abdampfteil eines Niederdruckgehäuses. (A. Borsig.)

stutzen muß aber, um ein Eindringen von Luft zu vermeiden, absolut festliegen, so daß eine geringe Beweglichkeit nach dem Eintrittsende zu möglich sein muß. Abb. 11 zeigt den aus Gußeisen hergestellten Abdampfteil eines Niederdruckgehäuses der AEG, bei dem der Abdampfstutzen durch sechs eingeschraubte lange Stehbolzen noch besonders verstärkt ist, die auch in Abb. 7 zu erkennen sind.

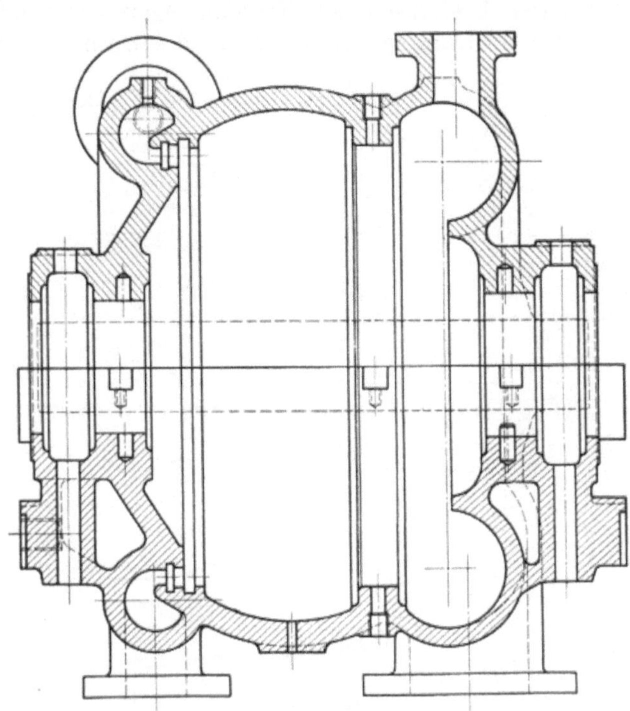

Abb. 8. Kugelartiges Gehäuse einer Gegendruckturbine. (A. Borsig.)

Bei sehr großen Turbinen ist der Abdampfstutzen so auszubilden, daß eine allmähliche Überführung der Dampfgeschwindigkeit in Druck stattfindet, um den Druckabfall zu vermindern. Wirbelungen sind dadurch zu vermeiden, daß die aus dem letzten Rad herauskommenden Dampfströme nach Möglichkeit nicht aufeinandertreffen. Abb. 12 zeigt das Abdampfgehäuse[1]) der von der AEG gebauten eingehäusigen 50000 kW-Turbine; durch entsprechende Führungswände ist hier der Dampfstrom dreimal unterteilt. Der Abdampf der oberen Hälfte fließt in zwei Teilströmen in den Abdampfstutzen, zwischen diesen beiden wird der Abdampf der unteren Hälfte abgeführt.

Die Größe einer Turbine ist hauptsächlich durch das letzte Laufrad bestimmt, das bei voller Beaufschlagung die gesamte Dampfmenge mit dem, dem Kondensatordruck entsprechenden, großen spezifischen Volumen hindurchlassen muß. Um nicht zu große Abdampfstutzen zu erhalten, werden

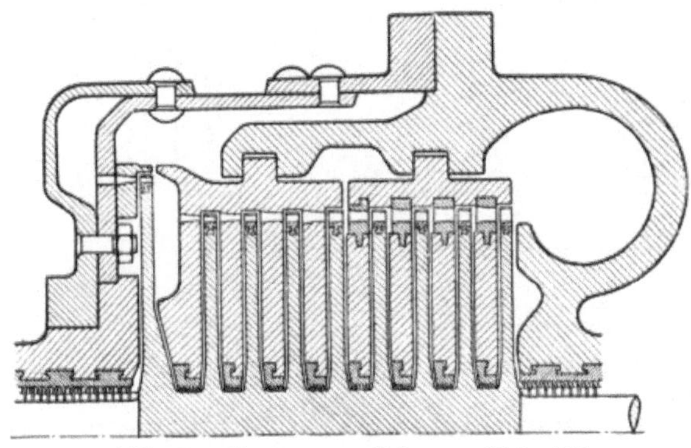

Abb. 9. Genietetes Gehäuse (Schnitt). (Erste Brünner Maschinenfabriksges.)

Abb. 10. Genietetes Gehäuse (Ansicht). (Erste Brünner Maschinenfabriksges.)

daher die Niederdruckgehäuse sehr großer, mehrgehäusiger Turbinen mit Dampfeintritt in der Mitte und doppeltem Dampfstrom nach beiden Seiten hergestellt, so

[1]) Entnommen aus Dr.-Ing. E. A. Kraft, Die neuzeitliche Dampfturbine.

daß die Niederschlagung des Abdampfes in zwei Kondensatoren erfolgt. Bei den größten Turbinen wird der Abdampf jeder Seite sogar noch einmal unterteilt, so daß zu einer Turbine vier getrennte Kondensatoren gehören können. Abb. 13 zeigt das Niederdruckgehäuse einer dreigehäusigen Turbine von Brown, Boveri & Cie. mit doppelseitigem Dampfaustritt; auch die Dampfzuführung ist hier geteilt und erfolgt

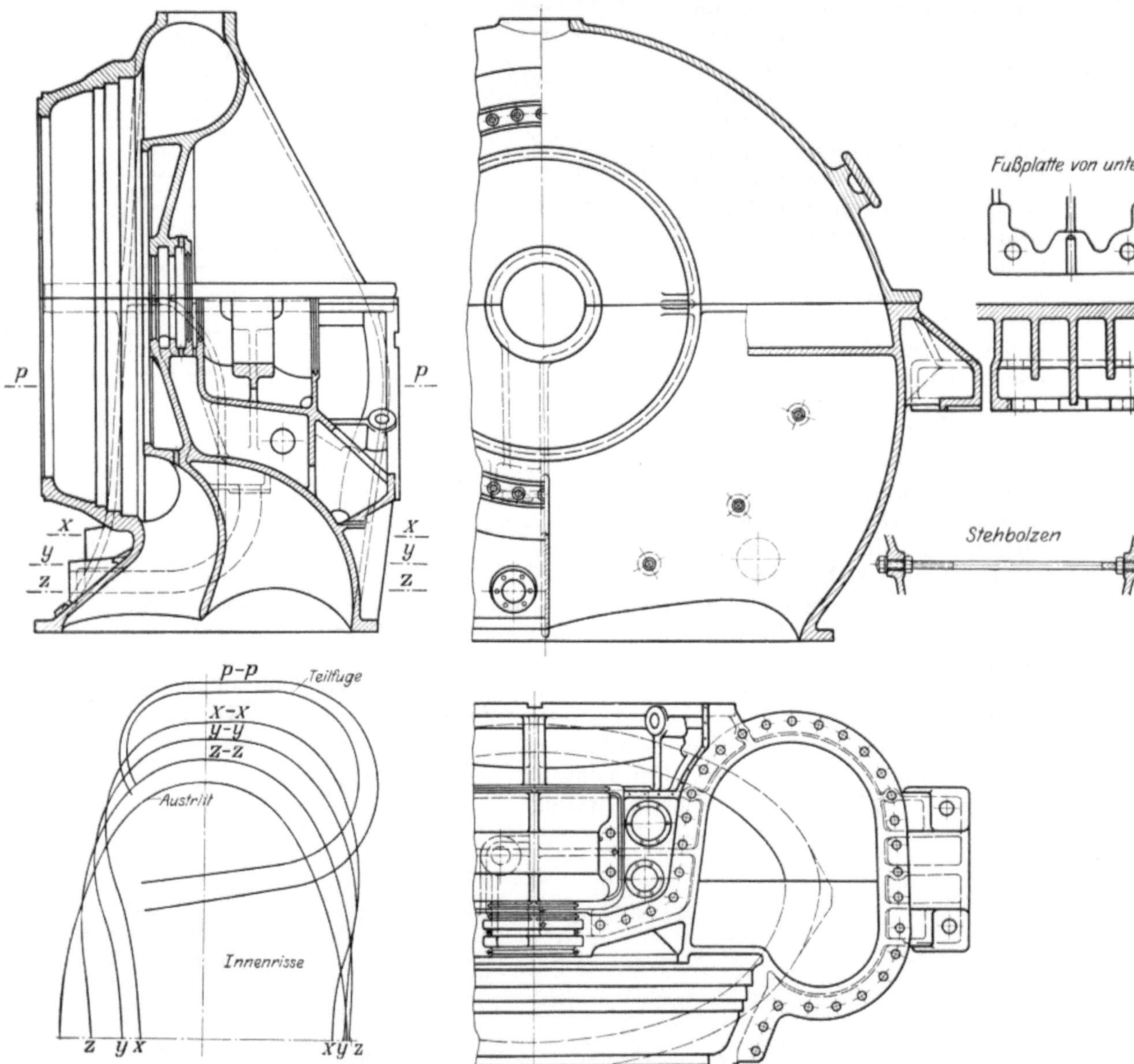

Abb. 11. Abdampfteil eines Niederdruck-Turbinengehäuses (AEG).

durch zwei tangential an das Gehäuse angesetzte Stutzen. Mit Ausnahme des Abdampfstutzens, bei dem infolge der niedrigen Dampftemperatur ein Verlust durch Wärmestrahlung kaum mehr eintritt, werden die Gehäuse isoliert, meist durch mit Kieselgur gefüllte Kissen aus Asbestgeflecht, und durch eine in Abb. 13 erkenntliche Blechverkleidung abgedeckt.

Ältere Kraftanlagen werden häufig zur Hebung des Wirkungsgrades auf hohen Dampfdruck umgestellt; vor die vorhandenen Turbinen werden Vorschaltturbinen vorgeschaltet, die für den Druckunterschied zwischen dem neuen und dem früheren Dampfdruck bemessen sind. Sie fallen infolge des geringen spezifischen Volumens des Hochdruckdampfes sehr klein aus, besonders wenn sie auf die Hauptwelle mit einem Zahnradvorgelege treiben. Bei einer von Brown, Boveri & Cie. erbauten zweistufigen Vorschaltturbine sind die Laufräder fliegend angeordnet, woraus sich die in Abb. 14 dargestellte Form des Gehäuses ergibt. Das Laufrad

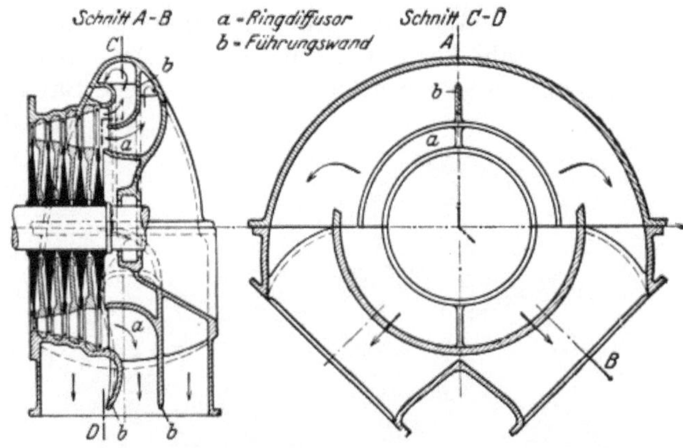

Abb. 12. Abdampfgehäuse der eingehäusigen 50000 kW-Turbine (AEG).

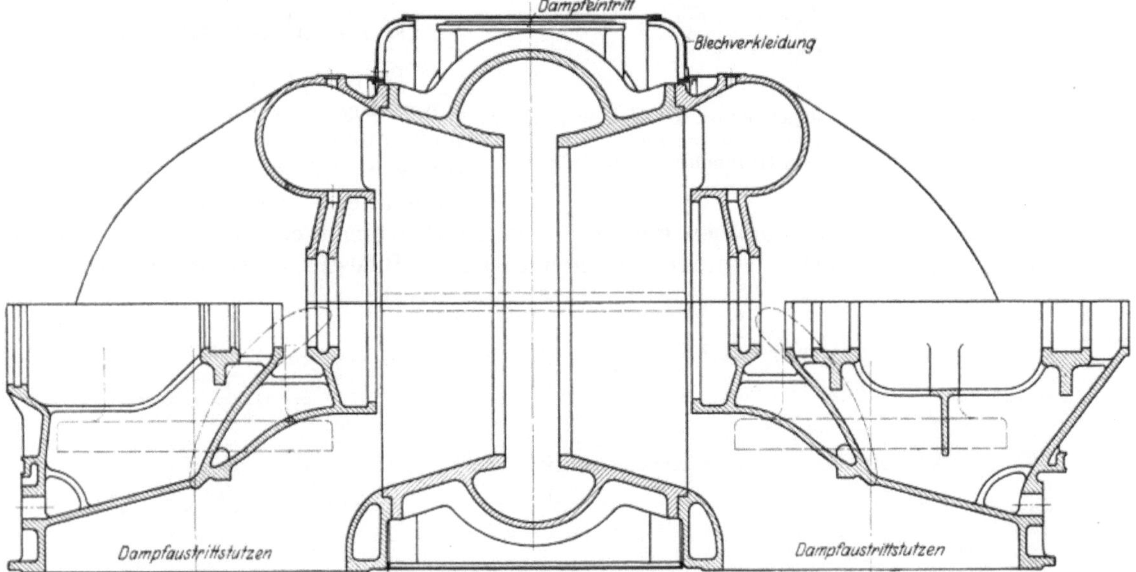

Abb. 13. Niederdruck-Turbinengehäuse mit doppelseitigem Dampfaustritt (Doppelender). (Brown, Boveri & Cie.)

der ersten Stufe ist in dem ungeteilten Deckel, die zweite Stufe in dem schräg geteilten Gehäuse untergebracht.

Eine ebenfalls von der üblichen Form abweichende Anordnung ist von der Maschinenbauanstalt Humboldt (Köln-Kalk) gewählt, bei der auf die wagerechte Teilung verzichtet ist

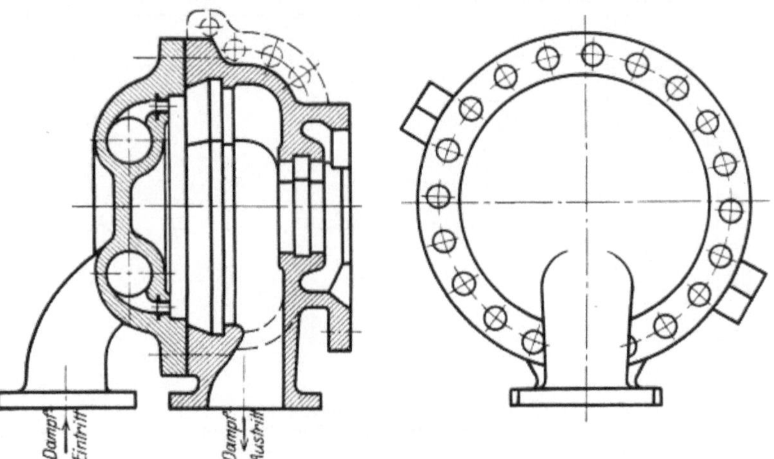

Abb. 14. Gehäuse einer zweistufigen Hochdruck-Vorschaltturbine mit fliegenden Laufrädern (Brown, Boveri & Cie.).

und das Gehäuse aus einer Aneinanderreihung mehrerer einstufiger Ringgehäuse aus SM-Stahl besteht[1]), ähnlich der Art, in der mehrstufige Kreiselpumpen in der Regel angeordnet werden (Abb. 15). Diese Bauart bedeutet also auch für das Gehäuse den Übergang von der Konstruktion als Einzelstück zur Zusammenfügung von auf Vorrat gearbeiteten Normteilen, wobei der Fortfall der wagerechten Teilung die Festigkeit günstig beeinflußt. Eine ähnliche Bauart des Gehäuses weist auch die Turbine von Ford auf. Eine von Escher Wyss & Cie. erstellte Hochdruckvorschaltturbine für 100 at Betriebsdruck besitzt ein Gehäuse aus einem Stück Schmiedestahl ohne jede Teilung[2]).

Abb. 15. Ungeteilte Ringelemente des Gehäuses einer Hochdruck-Vorschaltturbine. (Maschinenbau-Anstalt Humboldt, Köln-Kalk.)

B. Fundamentrahmen.

Dampfturbinengehäuse müssen, um geringe Durchbiegung zu ergeben, nicht nur in sich möglichst steif sein, sondern müssen auch so auf dem Fundament befestigt sein, daß Verlagerungen nicht vorkommen können. Alle Landturbinen erhalten daher einen in Hohlguß ausgeführten Fundamentrahmen, der die Befestigung sämtlicher Gehäuse-

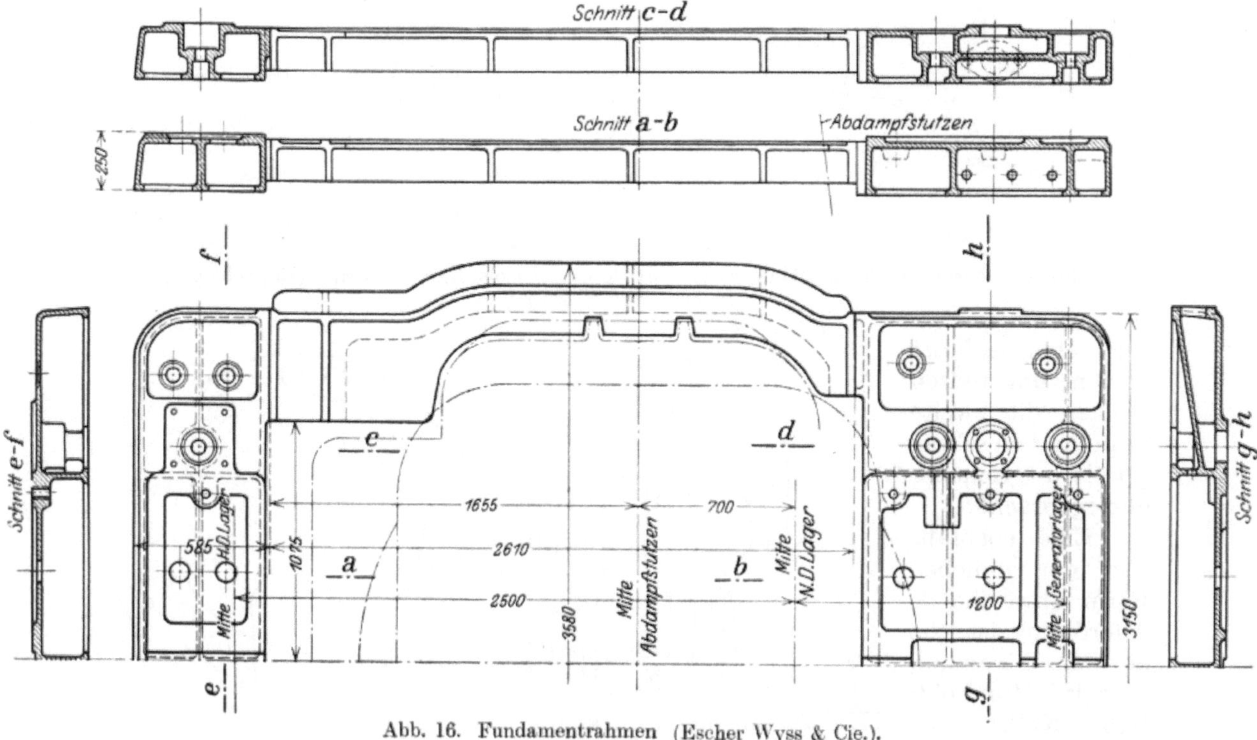

Abb. 16. Fundamentrahmen (Escher Wyss & Cie.).
Abb. 16. Fundamentrahmen (Escher Wyss & Cie.).

[1]) V. D. I. Nachrichten vom 10. November 1926.
[2]) V. D. I. Nachrichten vom 6. Dezember 1926.

und Lagerfüße auf einer genau ausgefluchteten Ebene ermöglicht. Einen Fundamentrahmen nach der Konstruktion von Escher Wyss & Cie. zeigt Abb. 16.

C. Zwischenböden.

Die Zwischenböden sind durch einseitigen Druck beansprucht, so daß als günstigste Form eine Halbkugel mit dem Druck entgegengerichteter Wölbung erscheint. Die Zwischenböden älterer Turbinen sind daher auch in einer derartig gewölbten Form ausgebildet. Die hohe Stufenzahl neuzeitlicher Turbinen zwingt aber, um die

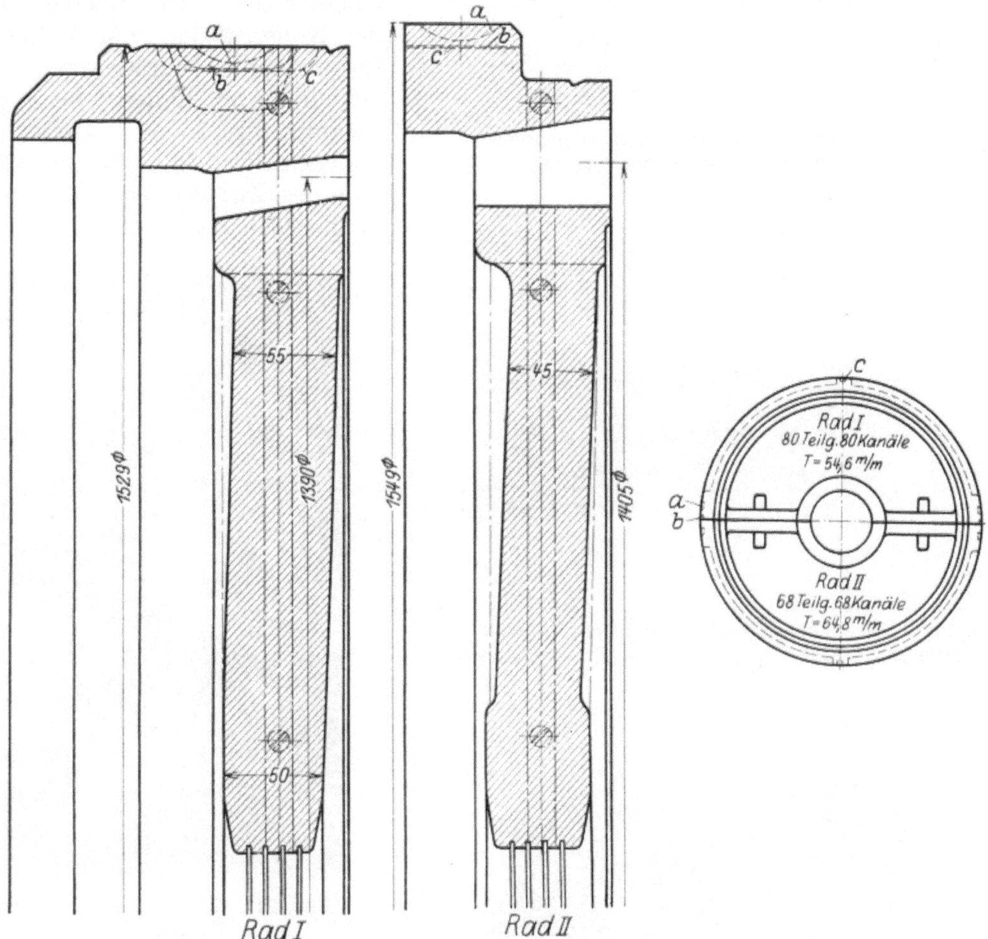

Abb. 17. Zwischenböden (Escher Wyss & Cie.).

Baulänge möglichst kurz zu halten, dazu, die Zwischenböden nicht breiter auszuführen, als die Düsen bzw. Leitschaufeln, so daß sie flach ausgebildet werden müssen. Die Konstruktion solcher flachen zweiteiligen Zwischenböden nach Escher Wyss & Cie. zeigt Abb. 17. Weitere Beispiele enthält Abschnitt II. Die von der Ersten Brünner Maschinenfabriksges. hergestellten flachen Zwischenböden sind aus Abb. 9 und 18 ersichtlich.

Die Zwischenböden können in das Gehäuse direkt eingesetzt werden. Bei den geringen Schaufelspielen der neuzeitlichen Turbinen können aber hierbei infolge der verschiedenen Dehnungen des Gehäuses und des Läufers Klemmungen und Berührungen entstehen. Bei der von der Ersten Brünner Maschinenfabriksges. ausgebildeten Konstruktion (Abb. 18) werden die Zwischenböden auch von außen vom Dampf umspült, so daß die Dehnung des die Zwischenböden tragenden inneren Gehäuseteils nur wenig von der des Läufers abweichen kann. Konstruktiv einfacher wird derselbe Zweck erreicht, wenn die Zwischenböden nicht unmittelbar, sondern unter Zwischenschaltung besonderer Zwischenbodeneinsätze in das Gehäuse eingefügt werden, wie es bereits Abb. 9 erkennen läßt. Abb. 19 zeigt die Hälfte eines solchen Zwischenbodeneinsatzes mit den eingesetzten Zwischenböden nach der Konstruktion von A. Borsig für einen Raddurchmesser von 600 mm, Abb. 20 den vollständig zusammengebauten Zwischenbodeneinsatz, Abb. 21 den Einbau des Zwischenbodeneinsatzes in das Gehäuse.

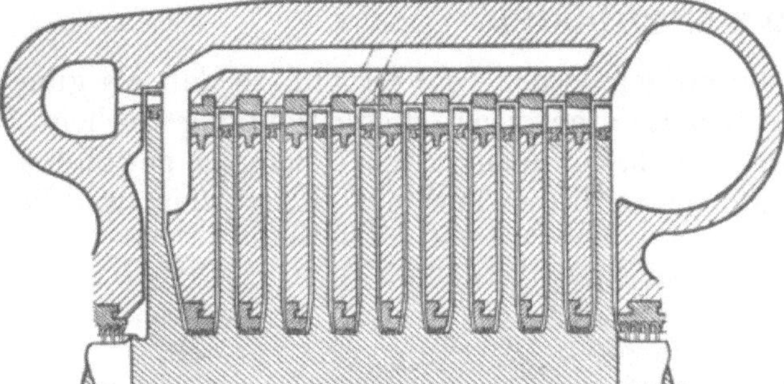

Abb. 18. Dampfmantel an den Zwischenböden. (Erste Brünner Maschinenfabriksges.)

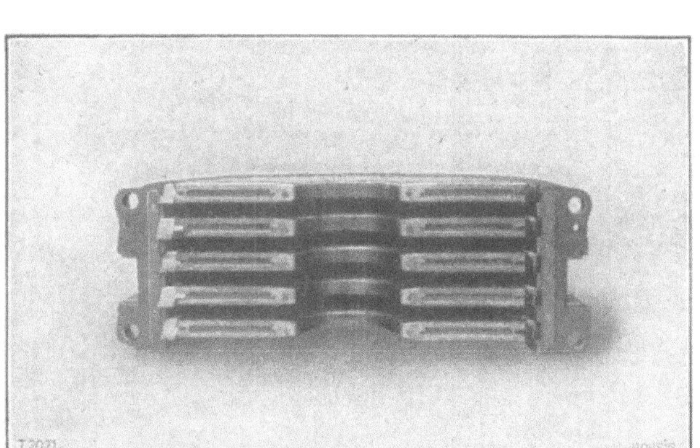

Abb. 19. Hälfte eines Zwischenbodeneinsatzes mit eingesetzten Zwischenböden für 600 mm Raddurchmesser. (A. Borsig.)

Abb. 20. Zwischenbodeneinsatz mit Zwischenböden für 600 mm Raddurchmesser. (A. Borsig.)

Abb. 21. Gehäuse mit Zwischenbodeneinsatz. (Erste Brünner Maschinenfabriksges.)

D. Berechnung der Zwischenböden.

Für die Berechnung der Zwischenböden fehlen noch genaue Unterlagen, die insbesondere die Zweiteilung und die Bohrung berücksichtigen. Eine — wenn auch nur überschlägliche — Berechnung ergibt die Betrachtung des Zwischenbodens als kreisrunde, am Rande mit dem Radius r_l frei aufliegende Platte von der Stärke s, die durch den Druckunterschied $p_1 - p_2$ kg/cm² zwischen Vorder- und Rückseite belastet ist.

Statt der Poissonschen Zahl $m = \frac{10}{3}$ ist ihr Kehrwert $\nu = 0{,}3$ benutzt. Es wird dann die größte Biegungsbeanspruchung der Platte[1]):

$$\sigma_{b\,\max} = \frac{3}{8}(1-\nu)\,(3+\nu)\left(\frac{r_l}{s}\right)^2(p_1 - p_2) \lesseqgtr \sigma'_{\text{zul}}$$

und die größte Durchbiegung in der Mitte:

$$y_m = \frac{3}{16}(1-\nu)\,(5+\nu)\,\alpha\left(\frac{r_l}{s}\right)^3 r_l(p_1 - p_2)\,.$$

Für Stahlguß wird mit $\alpha = \frac{1}{2150000}$:

$$\sigma_{b\max} = 0{,}87\left(\frac{r_l}{s}\right)^2(p_1 - p_2)$$

und

$$y_m = 3{,}25\cdot 10^{-7}\left(\frac{r_l}{s}\right)^3 r_l(p_1 - p_2)\,.$$

Nach Stodola[2]) vergrößert die Teilung in horizontaler Fuge die maximale Spannung gegenüber der oben errechneten auf das 2,3fache, die Durchbiegung auf das 2,4fache. Hiermit ist dann, wenn die Kurvenwerte k_1 und k_2 von $\frac{r_l}{s}$ abhängig sind:

$$\sigma_{b\max} = \approx 2\left(\frac{r_l}{s}\right)^2(p_1 - p_2) = k_1(p_1 - p_2)$$

und

$$y_m = 7{,}8\cdot 10^{-7}\left(\frac{r_l}{s}\right)^3 r_l(p_1 - p_2) = k_2\cdot r_l(p_1 - p_2)\,.$$

Die Werte k_1 und k_2 enthält Abb. 22.

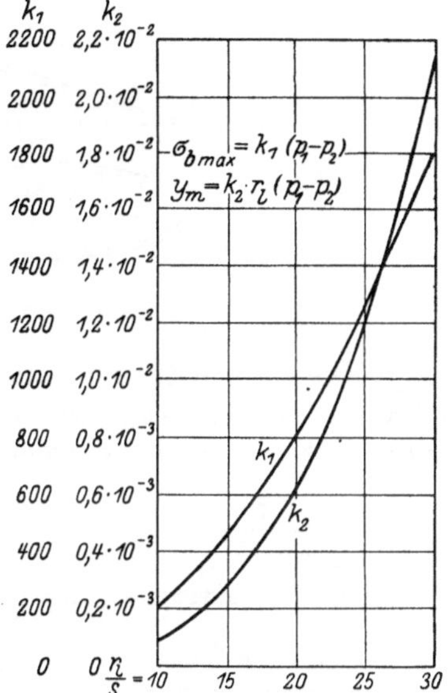

Abb. 22. Beanspruchung und Durchbiegung der Zwischenböden.

II. Leitvorrichtungen.

A. Düsen und Düsensegmente.

In der Leitvorrichtung wird der Dampf entspannt und erhält gleichzeitig die für die Beaufschlagung der Laufschaufeln erforderliche Richtung. Die Leitvorrichtung muß schräg zur Richtung der Laufschaufeln angesetzt werden, um den stoßfreien Dampfeintritt zu ermöglichen. Mit der Vergrößerung des absoluten Eintrittswinkels δ_1 fällt der Wirkungsgrad der Beschaufelung, andererseits wird bei kleinem Winkel der Schrägabschnitt sehr lang, so daß mit δ_1 unter 17° oder — bei Angabe der Neigung — unter 3 : 10 nicht wesentlich herabgegangen werden kann. Wenn der Dampf unter das kritische Druckverhältnis expandiert und infolge dessen Überschallgeschwindigkeit annimmt, ist eine Düse mit einer Einschnürung und einem erweiterten Teil, also einem kleinsten und einem größten Querschnitt, erforderlich. Je tiefer die Expansion getrieben wird, desto größer wird der Endquerschnitt im Verhältnis zur Einschnürung. Die Länge des erweiterten Düsenteils muß mit Rücksicht auf die Düsenreibung möglichst kurz gewählt werden, andererseits wird bei zu starker Erweiterung die Führung des Dampfstrahles mangelhaft, da er sich von der Wand ablöst. Bei runden Düsen wird daher der Öffnungswinkel meist mit etwa 10° gewählt.

---

[1]) Bach-Baumann, Elastizität und Festigkeit. 9. Aufl. S. 598—599, Berlin: Julius Springer 1924.

[2]) A. Stodola, Dampf- und Gasturbinen. 5. Aufl. S. 436. Berlin: Julius Springer. Zum Vergleich ist hier die Spannung $\sigma_{b\max} = \frac{3}{8}(3+\nu)\left(\frac{r_l}{s}\right)^2(p_1 - p_2)$ benutzt, so daß die Vergrößerung infolge der Teilung mit 1,6 angegeben ist.

Die größte Erweiterung tritt in der einstufigen Lavalturbine auf, in der die Expansion vom Eintrittsdruck bis zur Kondensatorspannung in derselben Düse er

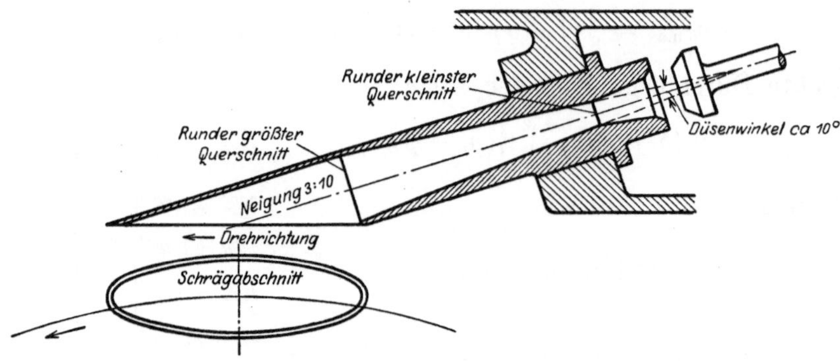

Abb. 23. Düse der Laval-Turbine.

folgt. Die einfachste und genaueste Herstellung ermöglicht die von Laval angegebene Düse mit rundem kleinsten und größten Querschnitt. Die aus Bronze hergestellte Düse sitzt mit einem schwach konischen Teil im Düsenkasten fest. Die Absperrung und Regelung erfolgt durch eine Reguliernadel (Abb. 23). Eine ähnliche Düse mit Regelung durch eine Reguliernadel findet bei Radialturbinen Anwendung. Mit Rücksicht auf die radiale Beaufschlagung ist der Austritt der Düse entsprechend Abb. 24 (Ausführung von Kühnle, Kopp und Kausch) gekrümmt und in eine quadratische Form übergeführt. Der Schrägabschnitt der runden Düse erscheint als langgestreckte Ellipse, so daß nur der gerade in der Mitte vorbeistreichende Laufschaufelkanal in der ganzen Länge beaufschlagt wird, während die seitlichen Kanäle erheblich weniger Dampf erhalten. Bei der Verwendung mehrerer Düsen erfordert diese Form außerdem einen ziemlich großen Abstand, so daß die gesamte Beaufschlagung nicht sehr weit gesteigert werden kann. Bei mehrstufigen Turbinen weicht die Düsenform durch geringere Erweiterung von der Lavalschen Düse ab. Günstiger ist für eine Steigerung der Beaufschlagung die quadratische Form des Endquer-

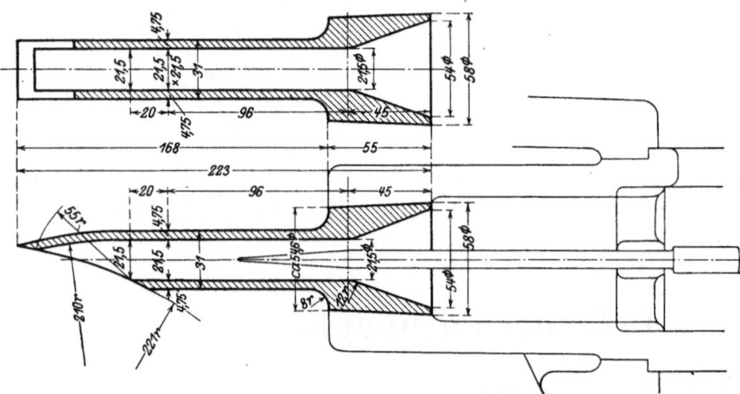

Abb. 24. Düse für Radialturbine. (Kühnle, Kopp und Kausch.)

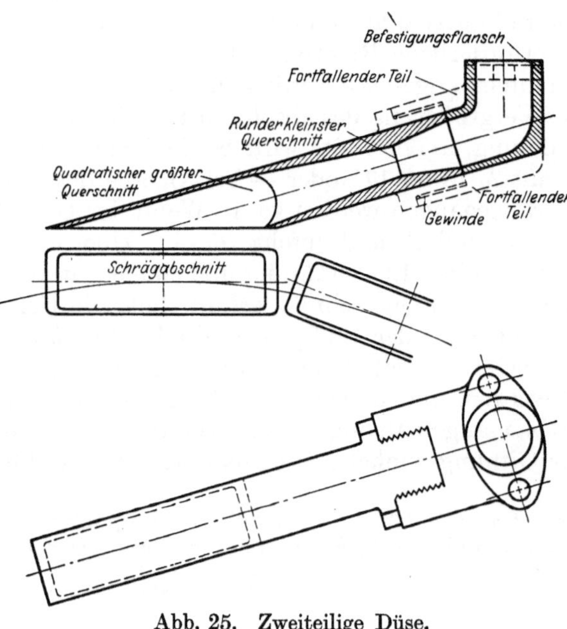

Abb. 25. Zweiteilige Düse.

schnittes, wie sie in Abb. 24 vorhanden ist und wie sie auch die — jetzt wohl kaum mehr ausgeführte — zweiteilige Düse besitzt (Abb. 25). Bei dieser ist der untere Teil der Düse aus zäher Bronze ebenfalls zunächst rund hergestellt, dann aber auf die rechteckige Form gepreßt. Die Befestigung im oberen Teil, der innen nur durch Befeilen geglättet werden kann, erfolgt durch Gewinde, der obere Teil wird durch

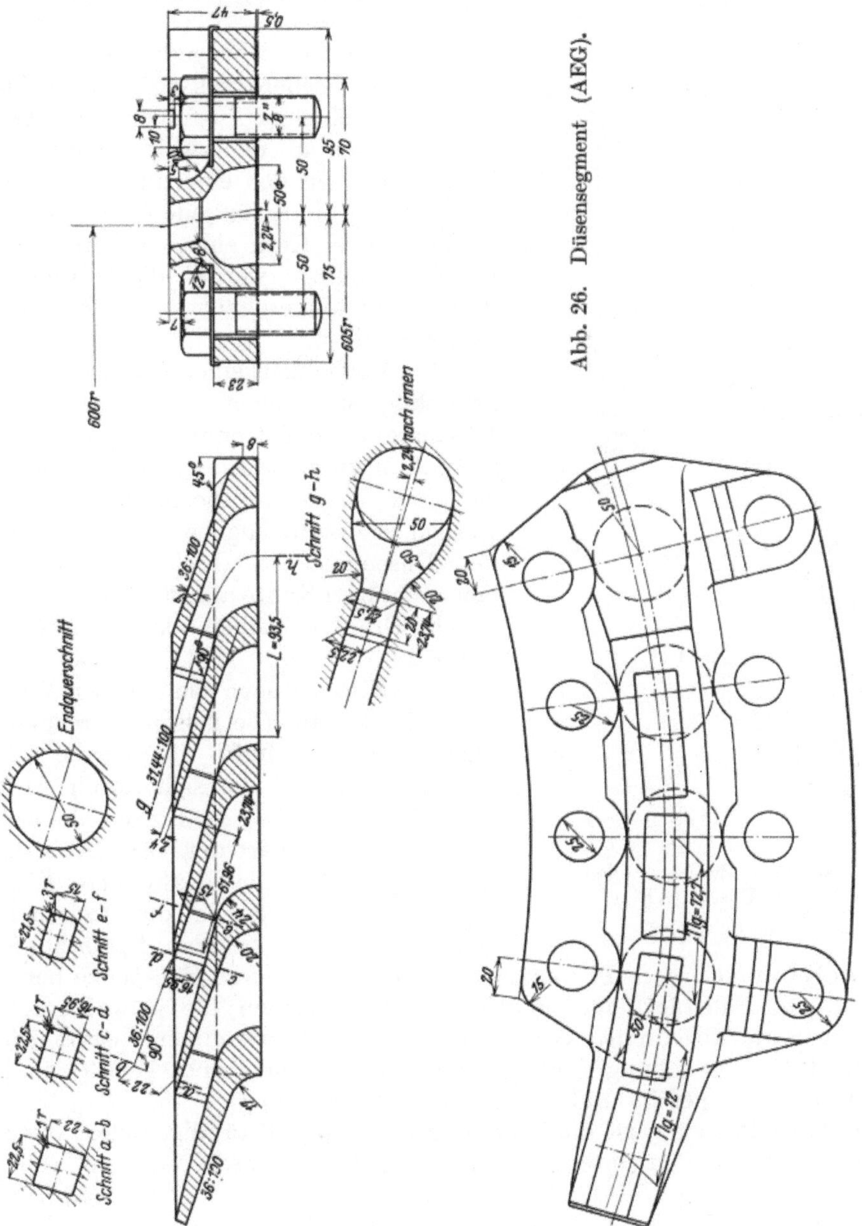

Abb. 26. Düsensegment (AEG).

einen Flansch mit zwei Schrauben am Düsenkasten befestigt. Um zur Steigerung der Beaufschlagung unmittelbar Düse an Düse setzen zu können, wird die Düse einschließlich des oberen Teiles durch ebene Flächen begrenzt, wobei meist ein Teil des Gewindes in Fortfall kommt, so daß an den Begrenzungsflächen das geschnittene Gewinde zum Vorschein gelangt.

Die Beaufschlagung kann wesentlich gesteigert werden, wenn die Düsen in Gruppen zu 4 bis 6 Stück zusammengegossen werden, wie Abb. 26 nach einer Ausführung der AEG zeigt. Hierbei ist auch der kleinste Düsenquerschnitt rechteckig gewählt. Die Ausführung erfolgt in Spezial-Heißdampf-Gußeisen, bei hohem Druck auch in Stahlguß. Eine genaue Bearbeitung solcher zusammengegossener Düsen ist natürlich nicht möglich. Derartige Düsensegmente finden für die erste Stufe Anwendung, da sie leicht die Absperrung ganzer Gruppen auf einmal ermöglichen.

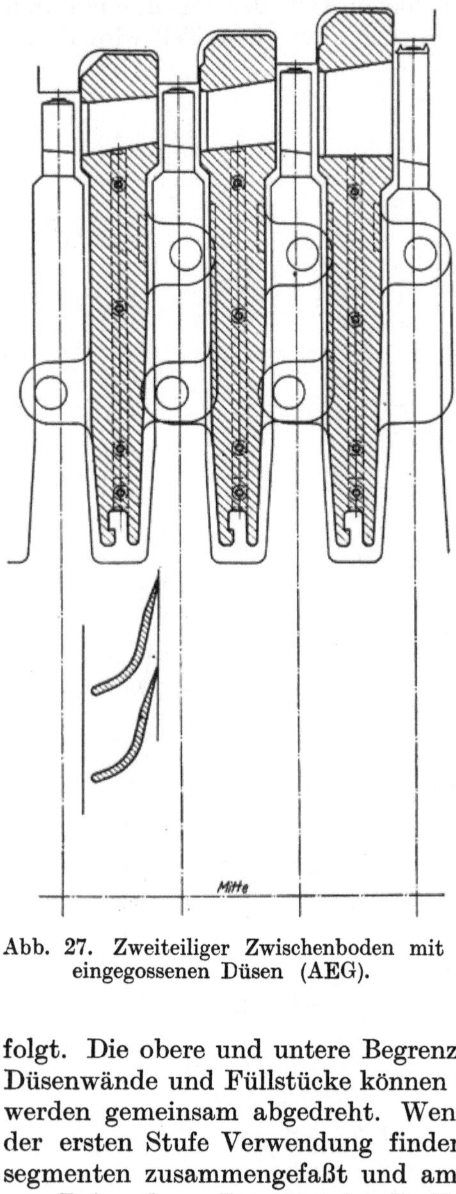

Abb. 27. Zweiteiliger Zwischenboden mit eingegossenen Düsen (AEG).

Eine andere sehr gedrängte Bauart für Mittel- und Niederdruckstufen zeigt Abb. 27, ebenfalls nach einer Ausführung der AEG, bei der die Düsen mit den zweiteiligen Zwischenböden zwischen den einzelnen Stufen zusammengegossen sind; für jeden Düsenkanal wird ein besonderer Kern eingelegt. An der wagerechten Stoßfuge werden die Zwischenböden dampfdicht aufgeschabt und durch Nut und Feder gesichert.

Die Möglichkeit einer etwas leichteren Bearbeitung ist gegeben, wenn der Deckel des Düsensegmentes getrennt hergestellt wird, wie Abb. 28 nach einer Konstruktion von Brown, Boveri & Cie. zeigt. Die drei Teile *a*, *b* und *c* werden so zusammengebaut, daß der Deckel *b* den Düsenkasten *a* abschließt und das mit einer schrägen Kante aufsitzende Druckstück *c* durch Druckschrauben daraufgepreßt wird (Abb. 29).

Das Streben nach dem besten Wirkungsgrad erfordert auch bei Düsen mit rechteckigem Durchgangsquerschnitt die genaue mechanische Bearbeitung, die sich durch Auflösung des Düsensegmentes in Einzelteile erreichen läßt. In einer Bauart der AEG (Abb. 30) werden die Düsenwände in ähnlicher Weise mit Schwalbenschwänzen in die Zwischenböden eingesetzt, wie es bei den Laufschaufeln erfolgt. Die obere und untere Begrenzung ist durch besondere Füllstücke hergestellt. Düsenwände und Füllstücke können allseitig gefräst werden; die Schwalbenschwänze werden gemeinsam abgedreht. Wenn mit Füllstücken zusammengesetzte Düsen in der ersten Stufe Verwendung finden, werden sie entsprechend Abb. 31 zu Düsensegmenten zusammengefaßt und am Gehäuse angesetzt.

Bei anderen Bauarten ist die Trennung nicht so vollständig, indem die Düsenwand mit der oberen und unteren Begrenzung durch Fräsen aus dem Vollen her-

Abb. 28. Düsensegment mit getrenntem Deckel. (Brown, Boveri & Cie.)

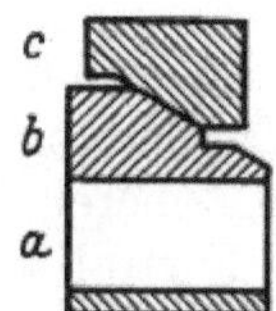

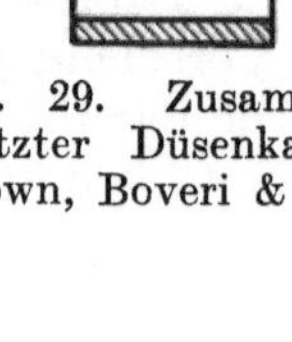

Abb. 29. Zusammengesetzter Düsenkasten. (Brown, Boveri & Cie.)

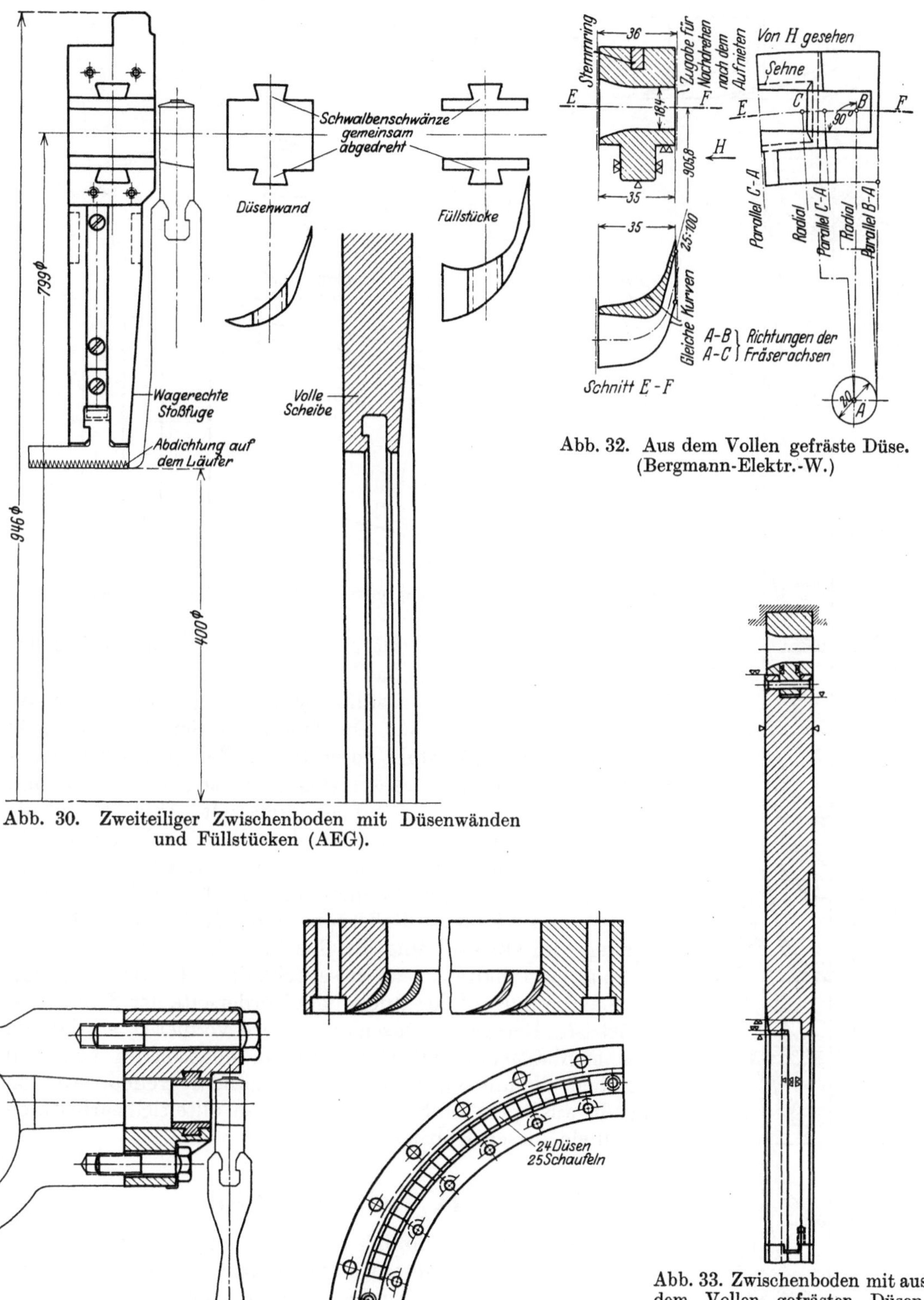

Abb. 30. Zweiteiliger Zwischenboden mit Düsenwänden und Füllstücken (AEG).

Abb. 32. Aus dem Vollen gefräste Düse. (Bergmann-Elektr.-W.)

Abb. 31. Düsensegment mit Düsenwänden und Füllstücken (AEG).

Abb. 33. Zwischenboden mit aus dem Vollen gefrästen Düsen. (Bergmann-Elektr.-W.)

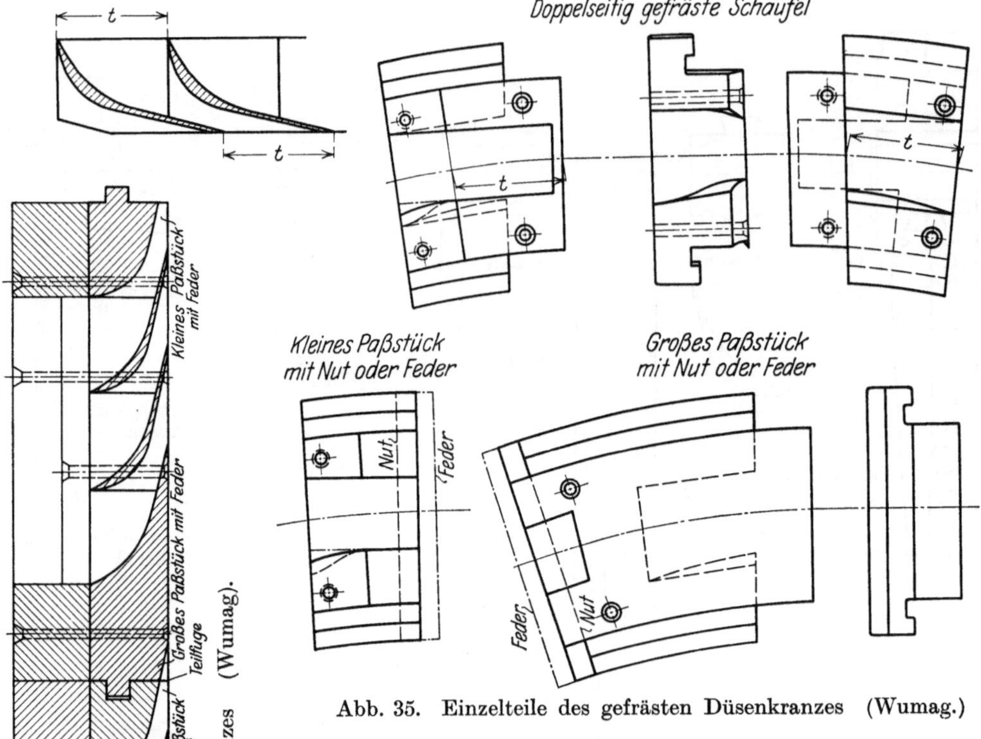

Abb. 35. Einzelteile des gefrästen Düsenkranzes (Wumag.)

Abb. 34. Abwicklung des gefrästen Düsenkranzes (Wumag).

gestellt wird. Die Düse ist an einer Seite offen, so daß der Düsenkanal erst durch das Aneinanderlegen der einzelnen Stücke entsteht. Eine Ausführung der Bergmann-Elektr.-W. dieser Art zeigt Abb. 32. Die Düsen werden, wie Abb. 33 zeigt, an den aus SM-Stahl hergestellten Zwischenboden angenietet und durch einen Stemmring gesichert. In Abb. 34 und 35 ist die Ausführung der Wumag dargestellt. Abb. 34 zeigt die Abwicklung des Düsenkranzes, bei dem die Düsenkanäle gleichfalls allseitig bearbeitet sind. Der Düsenkranz besteht aus „doppelseitig gefrästen" Schaufeln, an den Teilfugen sind „große" und „kleine" Paßstücke mit „Nut" oder „Feder" angefügt; im Oberteil sind an einzelnen Stellen, um eine Verstärkung zu erhalten, paarweise Schaufeln dazwischengelegt, bei denen je nur auf der Rück- oder Vorderseite der Kanal ausgefräst ist. Der ganze Düsenkranz wird vernietet, so daß ein zusammenhängendes Oberteil und ein ebensolches Unterteil entstehen, die mit Nut und Feder ineinander greifen. Abb. 35 zeigt die aus 5proz. Ni-Stahl hergestellten, allseitig bearbeiteten Einzelteile dieser Konstruktion.

B. Leitschaufeln.

Wird die Dampfdehnung nicht so weit getrieben, daß der Dampf mit Überschallgeschwindigkeit austritt, ist eine Erweiterung der Düse nicht notwendig, so daß Leitschaufeln mit parallelen Wänden ausgeführt werden können. Auch eine geringe Überschreitung der Schallgeschwindigkeit kann mit parallelen Wänden herbeigeführt werden, wobei der Dampf unter einem gegen den Austrittswinkel der Leitschaufel etwas vergrößerten Winkel ausströmt. Derartige Leitschaufeln werden meist aus Blech ausgeführt und in die Zwischenböden eingeformt. Um eine bessere Verbindung zwischen dem Gußeisen und den Schaufelblechen zu erzielen, werden diese am Rande mit Schwalbenschwänzen versehen oder gelocht. Abb. 36 zeigt die Abwicklung einer solchen gelochten Blechschaufel,

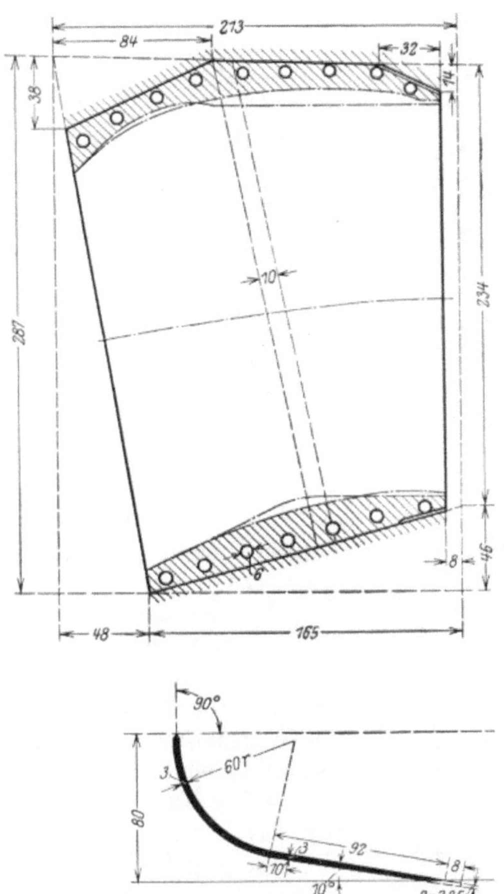

Abb. 36. Eingegossene Leitschaufel aus Blech. (Escher Wyss & Cie.)

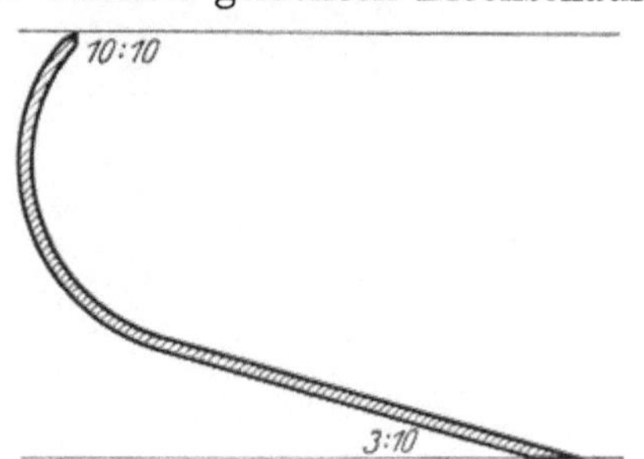

Abb. 37. Schaufelform für Rückgewinn der Austrittsgeschwindigkeit.

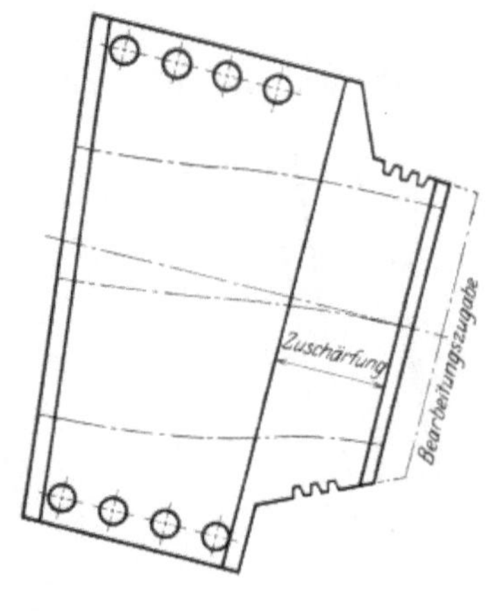

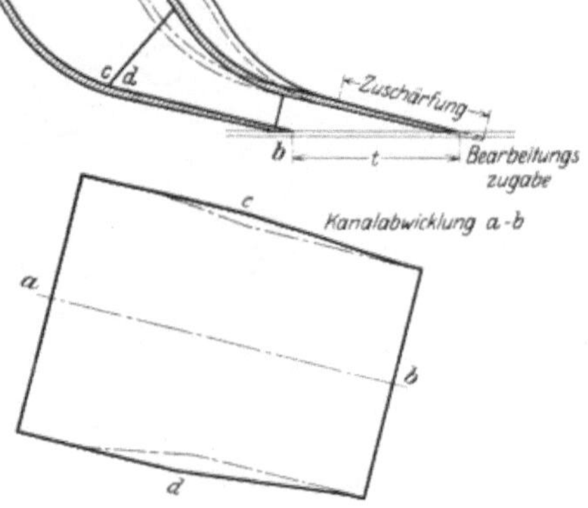

Abb. 38. Eingegossene Blechschaufel. (Wumag.)

wobei aus den Maßen die Herstellung aus der rechteckigen Tafel hervorgeht. Der Schaufeleintritt wird auch in die Richtung des aus der vorhergehenden Schaufel austretenden Dampfstrahles gebogen, um die Austrittsenergie nach Möglichkeit zurückzugewinnen (Abb. 37).

Abb. 38 zeigt die eingegossene Blechschaufel der Wumag, bei der nur der vordere Teil gelocht ist, der hintere dagegen mit einer Art Zahnung versehen. Die Schaufeln sind aus Bändern aus 5proz. Ni-Stahl geschnitten und gebogen. Zum Einformen der Leitkanäle wird eine besondere Kernformmaschine benutzt, die eine genaue Teilung, Form und Lage der Kanalquerschnitte gewährleistet. (Abb. 39). Zur Erzielung genauer Kanalquerschnitte und zur Verminderung der Dampfreibung werden die Kanäle nach dem Gießen bearbeitet. Bei Verwendung in Stufen mit hohem Dampfdruck erhalten

Abb. 39. Kernstück mit Leitschaufeln auf der Formmaschine. (Wumag.)

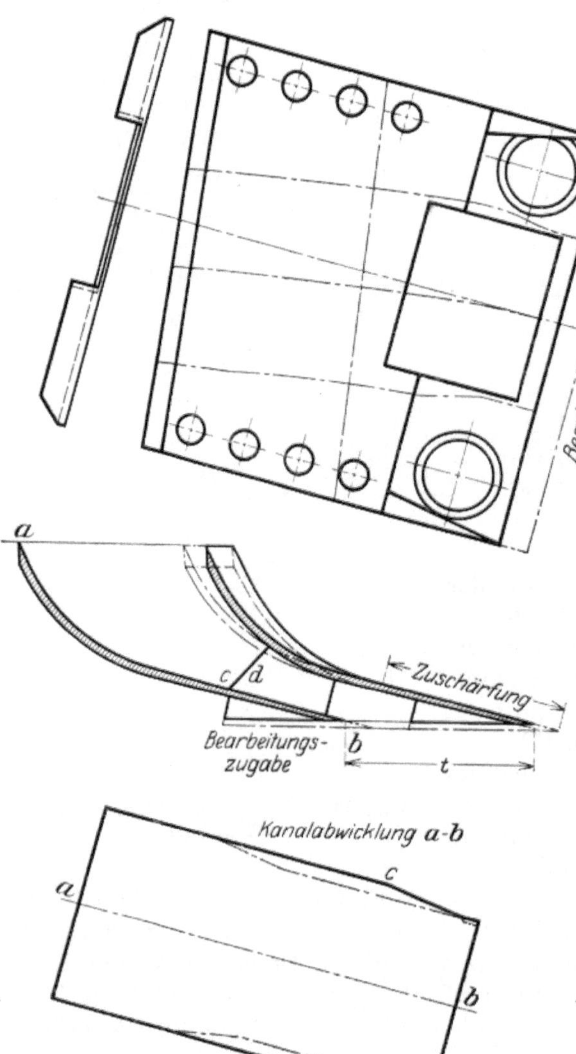

Abb. 40. Eingegossene Blechschaufel mit keilförmigen Verstärkungen. (Wumag.)

die Blechschaufeln der Wumag im Endteil zwei keilförmige Verstärkungen (Abb. 40).

Bei Überdruckstufen wird das Wärmegefälle sowohl im Leitrad als auch im Laufrad in Geschwindigkeit umgesetzt. Bei halbem Reaktionsgrad ist der Wärmeumsatz in der Leitschaufel gleich dem in der Laufschaufel, so daß gleiche Profile für Leit- und Laufschaufeln Verwendung finden. Die Leitschaufeln unterscheiden sich daher weder in der Herstellung noch in der Befestigung im Leitkranz von den zugehörigen Laufschaufeln.

C. Umkehrschaufeln.

Bei Geschwindigkeitsrädern wird der Dampf, dessen Strömungsenergie im ersten Laufschaufelkranz nicht vollständig ausgenutzt wird, durch Umkehrschaufeln einem zweiten Laufschaufelkranz zugeführt. Die Herstellung der Umkehrschaufeln für Axialturbinen unterscheidet sich nicht von der der Laufschaufeln. Da der Austrittswinkel kleiner als der Eintrittswinkel ist, ähnelt das Profil demjenigen der Überdruckschaufel. Die Befestigung erfolgt entsprechend Abb. 41[1]) in der Weise, daß die Schaufeln in Ringstücke A mit Schwalbenschwänzen eingesetzt werden; diese Ringstücke liegen gegen Vorsprünge B des Düsenkastens an, die auch in Abb. 26 erkennbar sind, und werden durch Nut und Feder gegen Verschiebung gesichert. Bei Radialturbinen wird der Dampfstrahl durch Umkehrkammern dem bereits durchströmten Laufschaufelkranz wieder zugeführt. Die charakteristische Form der Umkehrkammern zeigt Abb. 42 nach der Ausführung von Kühnle, Kopp und Kausch. Die hohlgegossenen Umkehrkammern 1 u. 2 sind durch Schrauben auf der Grundplatte 3 befestigt. Kleinere Ausführungen zeigen die Umkehrkammern mit der Grundplatte in einem Stück gegossen und durch Blechverkleidungen abgedeckt.

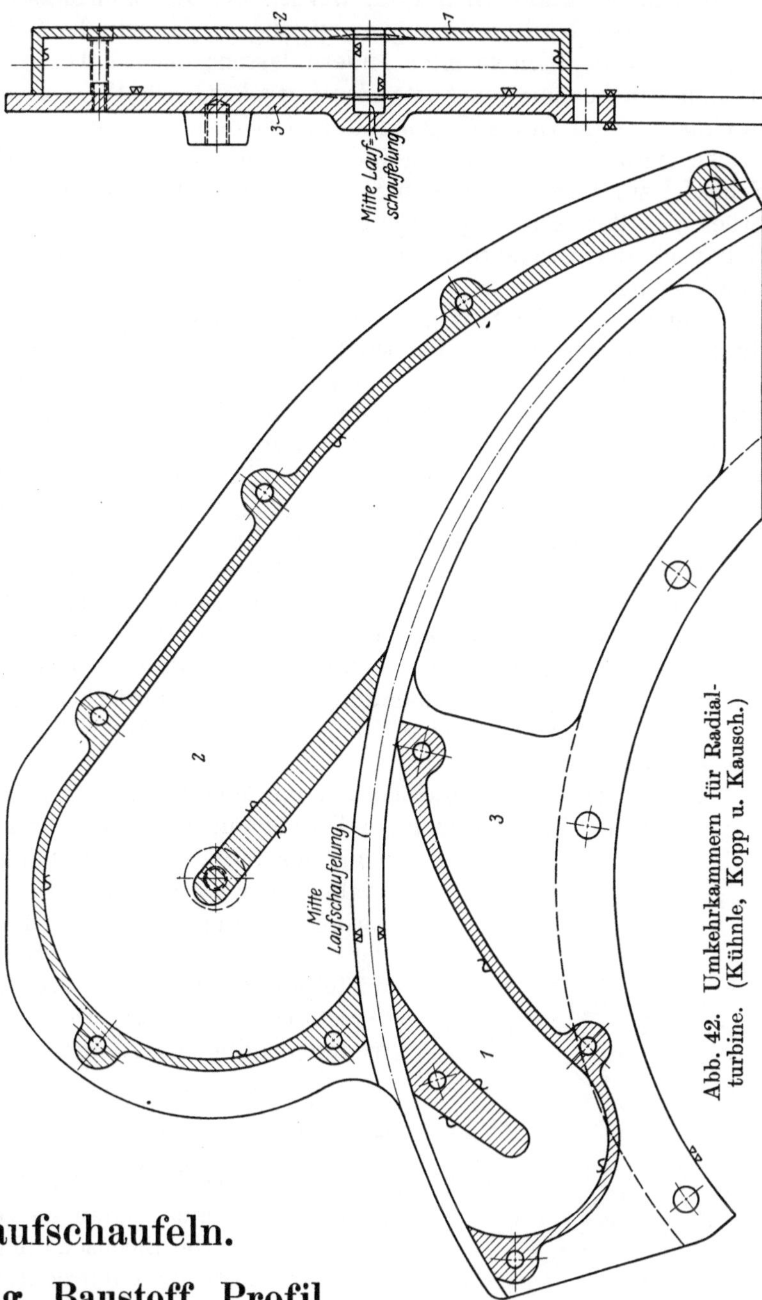

Abb. 42. Umkehrkammern für Radialturbine. (Kühnle, Kopp u. Kausch.)

III. Laufschaufeln.

A. Herstellung, Baustoff, Profil, Füllstücke.

Die Laufschaufeln, besonders ihre Befestigung an der Trommel oder Laufscheibe, sind diejenigen Teile der Turbine, deren Bruch die schwersten Störungen verursachen kann, deren Konstruktion daher die größte Vorsicht verlangt. Die Laufschaufelwinkel sind durch

Abb. 41. Befestigung der Umkehrschaufeln.

[1]) Aus Stodola, Dampfturbinen. 6. Aufl. Berlin: Julius Springer 1924.

das Geschwindigkeitsdiagramm vorgeschrieben. Da die Laufschaufeln einen Gegenstand der Massenherstellung bilden, für die zahlreiche und kostspielige Werkzeuge und Vorrichtungen erforderlich sind, werden oft die Laufschaufelwinkel festgelegt und von ihnen bei der Berechnung ausgegangen, da sich die Leitschaufelwinkel im allgemeinen wesentlich leichter ändern lassen; ebenso werden die axialen Schaufelbreiten b in bestimmten Abständen festgelegt. Die Winkel werden sehr häufig nicht in Graden, sondern als Neigung, d. h. mit dem tang. angegeben. Als kleinste Wandstärke wird etwa 0,5 mm gewählt werden können. Am Dampfeintritt wird die Schaufel zur Vermeidung von Stößen zugeschärft, während am Austritt ein kurzes Stück parallele Führung ausgeführt wird. Die Wahl des Schaufelmaterials richtet sich nach der Beanspruchung und Abnutzung im Betriebe und nach der Art der Bearbeitung.

Für niedrige Umfangsgeschwindigkeiten verwendet man „Blechschaufeln", die durch Warmpressen eines flachen Rohlings auf die vorgeschriebene Form und durch Abfräsen hergestellt werden. Geeigneter Baustoff für Blechschaufeln ist 5proz. Ni-Stahl, doch wird auch SM-Stahl ohne und nichtrostender Ni-Stahl mit höherem Nickelgehalt verwendet. Die Wärmebehandlung erfolgt nach einer Vorschrift der Wumag (Waggon- und Maschinenbau A.G., Görlitz) bei 5proz. Ni-Stahl folgendermaßen: Schmiedetemperatur: 950 bis 1000°, Glühen nach dem Schmieden und Warmbiegen der gefrästen Stücke bei 630 bis 650°, letztes Glühen zur Beseitigung etwaiger Spannungen bei 600 bis 630° mit nachfolgendem Erkalten an der Luft; für nichtrostenden Stahl: Schmiedetemperatur 1000 bis 1100°, Glühen für die mechanische Bearbeitung (Fräsen) bei 650 bis 680°, Warmbiegen bei 850 bis 900° (Hartwerden wird vermieden durch nachfolgendes Ausglühen auf 670 bis 700°); Glühen für die Fertigbearbeitung 650 bis 680°, weitere Wärmebehandlung ist nicht erforderlich. Bei den als Blechschaufeln hergestellten Druckschaufeln ist meist der Austrittswinkel β_2 gleich dem Eintrittswinkel β_1.

Da die relative Geschwindigkeit im Schaufelkanal sich infolge der Reibung verringert, ist eine Vergrößerung der Durchgangsfläche erforderlich, die durch Vergrößerung der radialen Schaufellänge l erreicht wird. Die Reibung wird durch glatte Bearbeitung der Oberfläche gering gehalten. Um ein Stück gerader Führung von der axialen Länge a zu erhalten, wird der Krümmungsmittelpunkt um den Betrag 0,5 a aus der Mittellinie verschoben (Abb. 43). Der vorgeschriebene Schaufelwinkel ergibt dann den Krümmungsradius mit: $r = \frac{b - a}{2 \cos \beta_1}$; die Strecke a beträgt etwa 0,1 b und ebenso groß ist auch die Schaufelstärke δ; die günstigste Teilung ist nach N. Briling[1]) $t = \frac{b}{2 \sin \beta_1}$, doch kommen auch abweichende Teilungen vor.

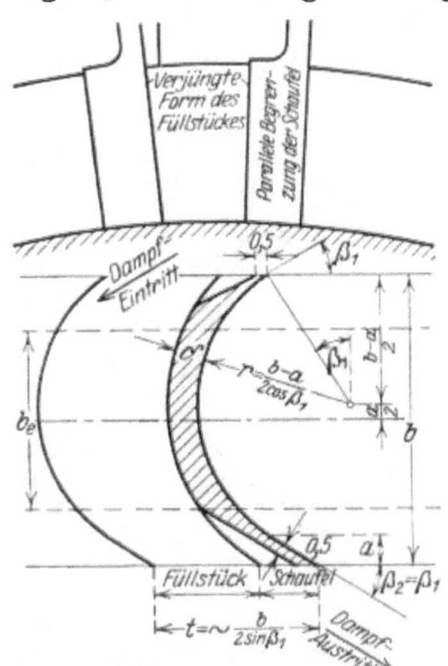

Abb. 43. Blechschaufel mit Füllstück.

Während die Blechschaufel der Schaufel der Wasserfreistrahlturbine entspricht, entspricht eine andere Schaufelform, für die Beispiele in Abb. 73 bis 76 ersichtlich sind, die „Stockschaufel", den Schaufeln der sog. Grenzturbinen. Der Schaufelkanal erhält in Richtung des Dampfstrahles überall etwa die gleiche Weite, so daß keine freie Dehnung stattfinden kann und bei vergrößertem Dampfdurchgang eine leichte Überdruckwirkung eintritt. Da aber, wie aus Abb. 69 bis 76 ersichtlich, die Widerstandsmomente und die Querschnitte größer als bei Blechschaufeln ausfallen, kommt man im allgemeinen mit geringeren

[1]) Z. d. V. d. I. 1910, S. 355.

Breiten b aus, wodurch auch die Kranzbreiten der Laufscheiben bzw. die Trommeln schmaler ausfallen. Bei Druckschaufeln wird auch hier meist der Austrittswinkel gleich dem Eintrittswinkel genommen. Als maßgebend wird im allgemeinen der Rückenwinkel angesehen nach dem Prinzip: „Bauchstoß ist besser als Rückenstoß", d. h. eine etwa vorhandene Stoßkomponente wirkt beschleunigend und nicht hemmend auf die Schaufeln. Überdruckschaufeln (Abb. 77 bis 80) werden ebenfalls als Stockschaufeln ausgeführt, bei ihnen sind aber die Winkel am Eintritt und Austritt verschieden, der Schaufelkanal verengert sich, da der Dampf auch in der Laufschaufel expandiert. Bei halbem Reaktionsgrad sind Lauf- und Leitschaufeln einander gleich. Die Stockschaufeln werden von einer vorgewalzten Profilstange abgeschnitten, bei geeignetem Baustoff durch Ziehen, sonst aber durch Fräsen in die genaue Form gebracht. Außer Flußstahl und 5 proz. Ni-Stahl kommt gezogenes Messing meist in der Zusammensetzung von 72% Cu und 28% Zn mit 35 bis 45 kg/mm² Zerreißfestigkeit und 20 bis 30% Dehnung zur Verwendung, weiter auch ähnliches Material mit einem Zusatz von Ni, sog. Nickelmessing. Für beide ist Kaltziehen zu empfehlen, um glatte und harte Oberflächen zu erzielen, während besonders hochprozentiger Ni-Stahl beim Ziehen leicht Spannungen erhält, die im Betriebe zum Abblättern führen. Messing und Nickelmessing verlieren bei etwa 230 bis 250° stark an Festigkeit, so daß ihre Verwendung als Schaufelmaterial auf Dampftemperaturen unter 200° beschränkt ist, da die zusätzliche Erwärmung durch die Schaufelreibung schwer zu schätzen ist. Die Auswahl erfolgt häufig so, daß in den ersten Stufen Ni-Stahl, im Mitteldruckgebiet Messing oder Nickelmessing, im Niederdruckteil aber der langen und daher hochbeanspruchten Schaufeln wegen wieder Ni-Stahl verwendet wird.

Im Betriebe erfolgt die Zerstörung der Schaufeln durch Ausnagung infolge des mit großer Geschwindigkeit auftreffenden Dampfstrahles, bei dem besonders mitgerissene Wassertropfen gefährlich sind, da z. B. bei Dampf von 20 at und 350° das spezifische Gewicht der Flüssigkeit das 142 fache des Dampfgewichtes beträgt. Infolge ihrer größeren Masse verringert sich die Absolutgeschwindigkeit der Wassertropfen etwas gegen die des Dampfes; gleichzeitig vergrößert sich die Fliehkraft und drängt sie nach dem Radumfang, so daß sie hauptsächlich die Rückenseite des Schaufelkopfes treffen. Elektrolytische Anfressungen sind kaum zu befürchten, da gerade dem Messing und Nickelmessing, bei denen sie am leichtesten auftreten könnten, besondere Widerstandsfähigkeit gegen chemisch wirksamen Dampf nachgerühmt wird. Rosten der Schaufeln kann im allgemeinen nur eintreten bei Dampfturbinen, die häufig an- und abgestellt werden, wenn das Hauptabsperrventil undicht ist. Bei dichtem Abschluß genügt die in der Turbine aufgespeicherte Wärme, um nach dem Abstellen das im Innern sich niederschlagende Wasser nachzuverdampfen; der entstehende Dampf wird in den Kondensator abgesaugt.

In den letzten Jahrzehnten ist ein bei hohen Temperaturen gegen mechanische und chemische Einflüsse besonders widerstandsfähiges Material in dem „Monelmetall"[1]) zur Einführung gelangt. Es ist eine sog. Naturlegierung, die nicht aus ihren einzelnen Bestandteilen zusammengeschmolzen, sondern aus einem kanadischen Ni-Cu-S-Erz unmittelbar gewonnen wird. Es ist benannt nach seinem Entdecker Ambrose Monel, dem Präsidenten der International Nickel Co., New York. Das nach dem Schmelzen, Raffinieren usw. erhaltene Monelmetall hat eine Zusammensetzung von 67% Ni, 28% Cu und 5% anderen Stoffen, wie Eisen, Mangan, Kohlenstoff und geringe Spuren von Silizium. Es enthält kein Blei, Zink, Zinn oder Antimon. Die Zugfestigkeit des Monelmetalls in Stangen wird mit 66 kg/mm², die Streckgrenze mit 60 kg/mm², die Dehnung mit 24%, das spezifische Gewicht mit etwa 8,95 an-

[1]) Hergestellt von der Isolation A.-G., Mannheim-Neckarau, jetzt von der Monel-Metall-Ges. m. b. H., Frankfurt a. M.

gegeben. Warmzerreißversuche bei 400° ergaben eine Festigkeit von 59,5 kg/mm². Das Monelmetall eignet sich nicht zum Kaltziehen; die genaue Formgebung muß daher wie bei Stahlschaufeln durch Fräsen erfolgen.

Die zwischen den einzelnen Schaufeln entstehenden Lücken werden in der Trommel oder der Laufscheibe durch Füllstücke ausgefüllt, deren Form sich nach dem Schaufelkanal richtet. Da die Begrenzungen der Schaufeln parallel der radialen Richtung laufen, müssen die Füllstücke nach der Welle zu verjüngt bearbeitet werden (Abb. 43). Die Füllstücke werden ebenfalls von einer gewalzten und gezogenen Profilstange abgeschnitten. Da sie in Richtung des Umfanges parallele Begrenzungen aufweisen, ist es verhältnismäßig leicht, ihre Stärke zu ändern, so daß die gleiche Laufschaufel mit verschieden starken Füllstücken gepaart werden kann. Sie werden stets etwas über den Kranz der Laufscheiben bzw. der Trommel erhöht, damit die Stelle der größten Biegungsbeanspruchung nicht mit derjenigen der größten Zugbeanspruchung zusammenfällt. Die Baustoffe sind die gleichen wie bei den Schaufeln, jedoch kann Messing bis etwa 250° verwendet werden, da eine nennenswerte Erwärmung der Füllstücke durch die Schaufelreibung nicht eintritt. Oft wird auch der Billigkeit halber für die Füllstücke eine Messinglegierung mit höherem Zinkgehalt verwendet.

Bei Laufschaufeln mit getrennten Füllstücken werden die Beanspruchungen nur von der Schaufel selbst aufgenommen, während das Füllstück unbeansprucht bleibt. Da in den neuzeitlichen großen Dampfturbinen, insbesondere bei solchen mit Übersetzungsgetrieben, die Schaufeln wesentlich höher beansprucht werden, muß auch das Füllstück zur Aufnahme der Kräfte herangezogen werden; Schaufel und Füllstück werden aus dem Vollen als füllstücklose Schaufel hergestellt. Eine solche Konstruktion ist schon von de Laval verwendet worden. Da diese Schaufel aus dem Vollen gefräst wird und der Rohling mindestens die Fußteilung als Stärke aufweisen muß, bietet die für gewalzte und gezogene Schaufeln zweckmäßige gleiche Wandstärke keinen Vorteil mehr. Die Schaufel wird daher häufig nach außen verjüngt, so daß sie sich mehr der Form gleicher Festigkeit unter Verringerung des Gewichtes und damit verbundener Verminderung der Beanspruchung durch die Fliehkraft nähert. Der Austrittswinkel β_2 wird dabei auch bei Druckschaufeln oft kleiner als der Eintrittswinkel β_1 gewählt, um kleinere absolute Austrittsgeschwindigkeit c_2 und damit besseren Wirkungsgrad zu erzielen; häufig wird der Schaufelaustrittswinkel β_2 gleich dem absoluten Eintrittswinkel δ_1 gemacht. Die Form des Schaufelkanals nähert sich damit derjenigen der Überdruckschaufel, die notwendige Vergrößerung wird durch noch stärkere Verlängerung der Schaufellänge l erreicht. Das Profil einer solchen Schaufel zeigt Abb. 44, die Verringerung der absoluten Austrittsgeschwindigkeit das zugehörige Geschwindigkeitsdiagramm (Abb. 45).

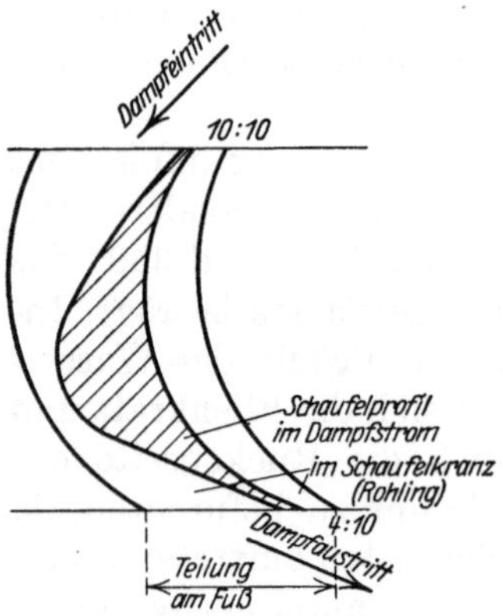

Abb. 44. Füllstücklose Schaufel. (Profil.)

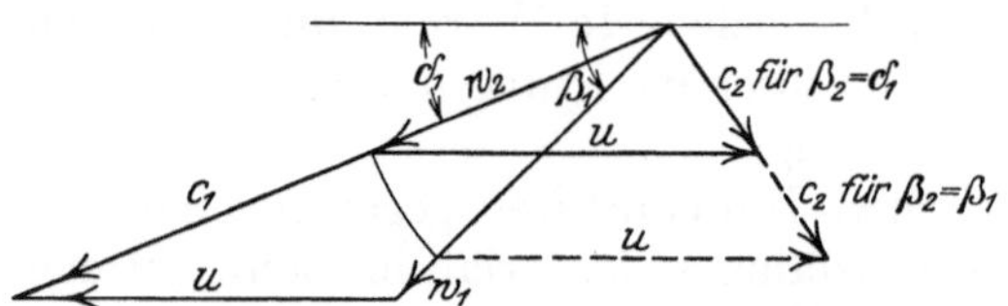

Abb. 45. Änderung der absoluten Austrittsgeschwindigkeit mit dem Schaufelaustrittswinkel.

Bei derartigen aus dem Vollen gefrästen Schaufeln kann auf folgende Weise der Wirkungsgrad weiter verbessert werden:

Die Schaufelwinkel werden aus dem Diagramm für den mittleren Schaufelkreis bestimmt. Die Umfangsgeschwindigkeit u weist aber am Schaufelfuß und am freien Schaufelende erhebliche Verschiedenheiten auf, während die absolute Eintrittsgeschwindigkeit c_1 dieselbe bleibt. Bei gleichbleibendem Profil geht man daher mit der größten Schaufellänge nicht über 0,2 bis höchstens 0,25 des mittleren Schaufelkreisdurchmessers, um nicht zu große Stoßverluste zu erhalten, die dadurch entstehen, daß das Eintrittsdiagramm sich nur im mittleren Durchmesser, nicht aber am Schaufelfuß und am freien Schaufelende schließt. Bei der angegebenen Wahl der größten Schaufellänge beträgt die Abweichung der größten und kleinsten Umfangsgeschwindigkeit von der mittleren immer noch 20 bis 25% nach oben und unten. Der Stoßverlust wird vermieden durch Änderung des Schaufeleintrittswinkels β_1 über die Schaufellänge, vom Schaufelfuß nach dem freien Ende hin zunehmend, d. h. durch eine verwundene Form der Schaufeleintrittskante (Abb. 46). Mit Rücksicht auf die komplizierte und teuere Herstellung kommen verwundene Schaufeln jedoch nur für die letzte Stufe sehr großer Einheiten in Betracht. Es ist zu beachten, daß die nach außen kleiner werdenden Profile an keiner Stelle über das größte hinausragen dürfen und daß die Schwerpunkte möglichst in einer radialen Geraden liegen, um Biegungsbeanspruchungen durch die Fliehkraft auszuschließen.

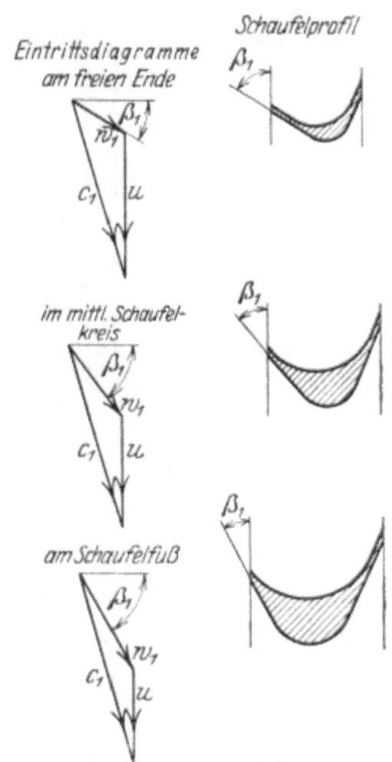

Abb. 46. Verwundene Schaufel.

B. Schaufelbefestigung, Ausführungen.

Die Schaufelbefestigung muß zwar die genügende Sicherheit aufweisen, sich aber hinsichtlich der Kosten innerhalb der Grenzen der Konkurrenzfähigkeit halten. Je kleiner die Geschwindigkeiten in der Turbine sind, desto größer wird unter sonst gleichen Verhältnissen die Schaufelzahl, und desto weniger Kosten können für die einzelne Schaufel aufgewandt werden. Die größte Schaufelzahl kommt der reinen Überdruckturbine zu, wie sie ursprünglich von Parsons gebaut worden ist. Die von Parsons angegebene Befestigung der Schaufeln in der Trommel ist daher außerordentlich einfach und billig herzustellen (Abb. 47).

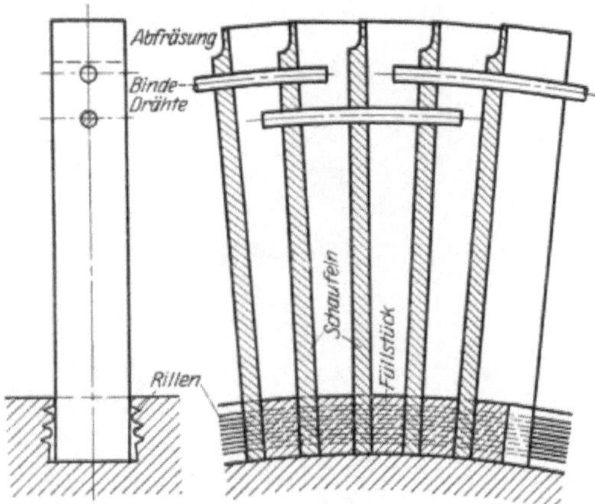

Abb. 47. Ursprüngliche Schaufelbefestigung von Parsons.

Die Schaufeln werden in schwach konische Nuten eingesetzt, die mit Rillen versehen sind. Die Verstemmung der Füllstücke in der Nut genügt hierbei vollkommen zur Befestigung, wie daraus hervorgeht, daß eher die ganze Schaufel abbricht, als daß eine Lockerung in der Nut eintritt. Im Gegensatz hierzu steht die Turbine von Laval, die als älteste Übersetzungsturbine verhältnismäßig sehr wenig Schaufeln besitzt. Die Befestigung der Laufschaufeln erfolgt hier in axialer Richtung durch einen angefrästen Zylinder, der mit der Schaufel aus dem Vollen hergestellt, in Quernuten der Laufscheibe eingeschoben und nur leicht verstemmt wird (Abb. 48). Die oberen Begrenzungen der Schaufeln bilden einen geschlossenen Deckring. Auch bei der Laval-Schaufel ist der Schwerpunkt des eigentlichen Profils in dieselbe radiale Gerade gelegt, wie der Schwerpunkt des Befestigungszylinders.

Die mehrstufigen Turbinen stehen nun in bezug auf die Schaufelzahl zwischen diesen beiden Extremen. Am verbreitetsten sind die Befestigungen in einer Nut des Radkranzes oder der Trommel mittels Hammerkopfes oder Schwalbenschwanzes. Bei sehr langen Schaufeln werden auch doppelte Hammerköpfe verwendet (Abb. 55). Bei hochbeanspruchten Schaufeln müssen scharfe Eindrehungen der Kerbwirkung halber vermieden und die Schwalbenschwänze etwa entsprechend Abb. 54 und 56 gestaltet werden. Da die tiefen Einfräsungen für die Hammerköpfe oder Schwalbenschwänze die Schaufeln stark schwächen, werden oft auch mehrere nicht so tiefe gewindeprofilähnliche Haltenuten auf Schaufel und Füllstück angebracht und in entsprechende Nuten des Läufers eingesetzt. Die einzelnen Teile einer solchen Befestigung mit den für die Herstellung erforderlichen Werkzeugen zeigt Abb. 49 nach einer Darstellung der Firma Thyssen & Co., Mühlheim-Ruhr.

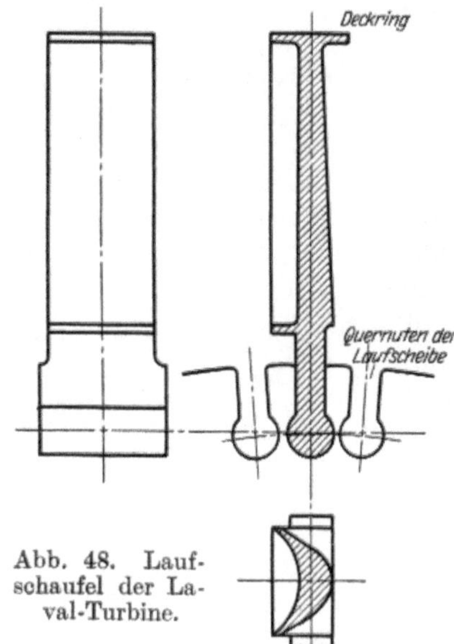

Abb. 48. Laufschaufel der Laval-Turbine.

Abb. 50 zeigt die Schaufelbefestigung der Ersten Brünner Maschinenfabriksges., die den in der Nut befindlichen Teil umbiegt und die Füllstücke gegen zwei Eindrehungen anliegen läßt, während in Abb. 51 die zugehörige Schaufel und das Füllstück dargestellt sind. Alle Schaufelfüße mit profilierter Form erfordern einen Ausschnitt im Radkranz, durch den die Schaufeln eingeführt werden können. Der Ausschnitt wird nach Fertigstellung der Schaufelung meist durch ein Schlußstück aus

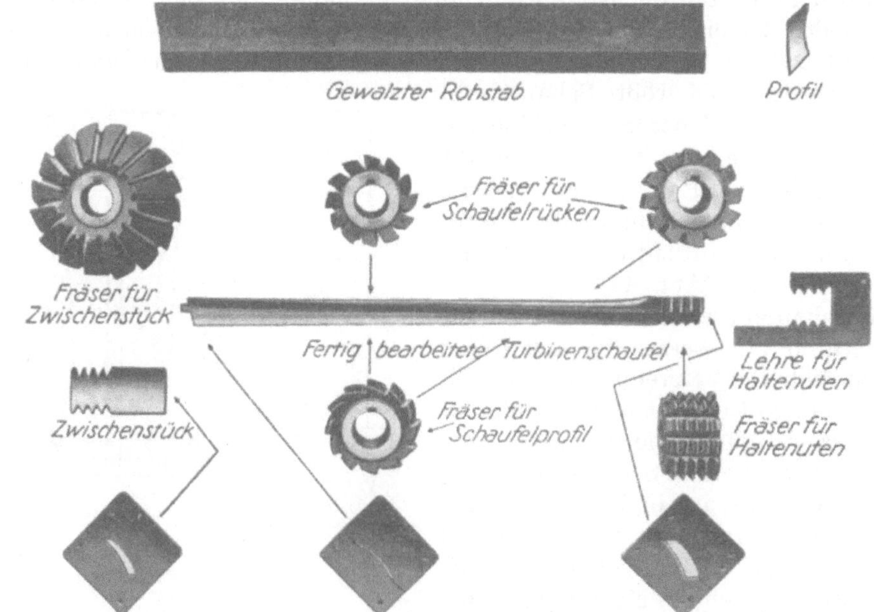

Abb. 49. Rohmaterial, Werkzeuge und Lehren für die Laufschaufeln. (Thyssen & Co.)

Kupfer verschlossen, das beim Verstemmen infolge seiner Weichheit sich sicher in die Profilform einschmiegt.

Außer den Schaufelfüßen werden meist auch die freien Schaufelenden untereinander verbunden, so daß beim Lockerwerden einer einzelnen Schaufel nicht gleich ein

Anstreifen am Gehäuse erfolgt. Druckschaufeln, bei denen kein Spaltverlust stattfindet, ebenso aber auch Überdruckschaufeln von großer Länge erhalten Deckbänder, die mit den als Zapfen ausgebildeten Schaufelenden vernietet werden. Bei kurzen Überdruckschaufeln wird hierbei der radiale Spalt, durch den ein Teil des Dampfes infolge des Überdruckes ohne Arbeitsleistung hindurchgepreßt wird, zu groß. Die Verbindung erfolgt dann durch Bindedrähte, die durch die einzelnen Schaufeln hindurchgesteckt werden, bei Messingschaufeln meist verlötet sind, oft auch zwischen den einzelnen Schaufeln etwas breitgequetscht werden. An der Stoßstelle wird ein zweiter Draht durchgezogen, der nur über wenige Schaufeln reicht, so daß der Schaufelkranz zu einem Ganzen verbunden ist. Um ein Anstreifen einzelner Schaufeln an das Gehäuse möglichst unschädlich zu machen, werden die Überdruckschaufeln am freien Schaufelende auf eine geringe Stärke herunter gefräst, die sich beim Anstreifen leicht abschleifen kann (Abb. 47).

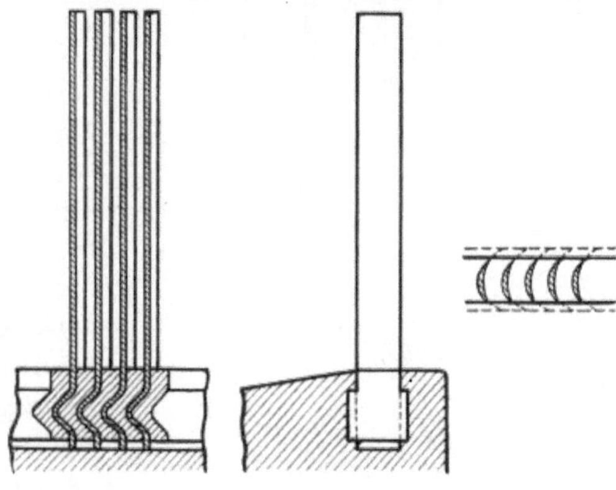

Abb. 50. Gebogene Schaufeln und Füllstücke. (Erste Brünner Maschinenfabriksges.)

Abb. 52 zeigt eine Blechschaufel mit Füllstück und Deckband und Befestigung mittels Hammerkopfes in der Ausführung der Wumag, Abb. 53 eine ebensolche von Escher Wyss & Cie., Abb. 54 eine Stockschaufel der AEG, ebenfalls mit Füllstück und Befestigung mittels Schwalbenschwanzes.

Abb. 55 bis 57 stellen füllstücklose Schaufeln dar. Abb. 55 ist eine Ausführung der Wumag mit nahezu gleichem Ein- und Austrittswinkel und Befestigung mit zwei Hammerköpfen, Abb. 56 eine AEG-Schaufel, bei der

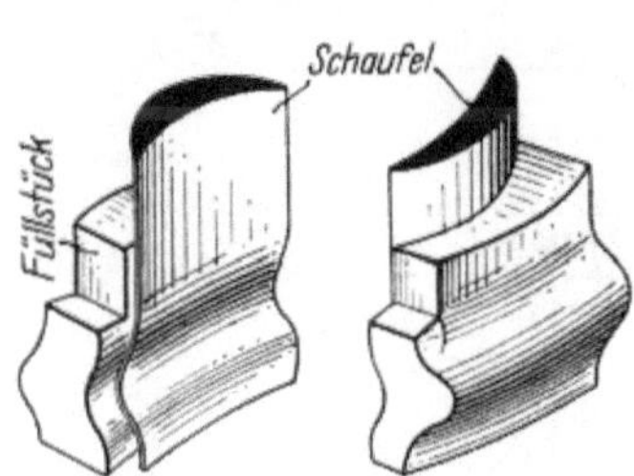

Abb. 51. Laufschaufel und Füllstück zur Schaufelbefestigung der Ersten Brünner Maschinenfabriksges.

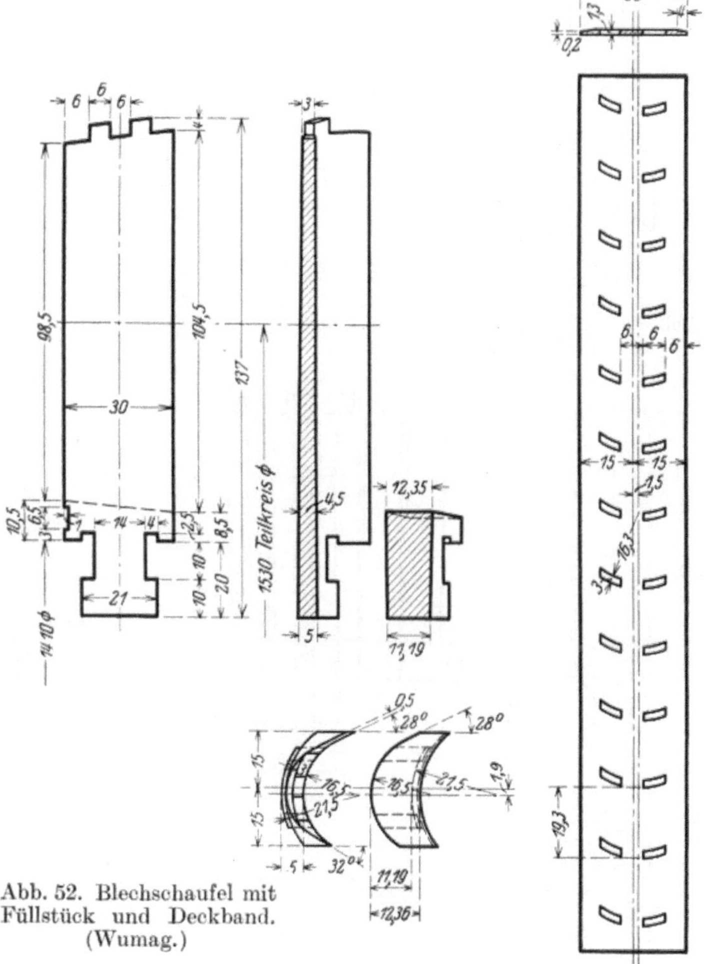

Abb. 52. Blechschaufel mit Füllstück und Deckband. (Wumag.)

der Austrittswinkel wesentlich kleiner als der Eintrittswinkel ist.

Abb. 57 zeigt eine füllstücklose Schaufel von Escher Wyss & Cie. Die Fußverstärkung ist hier in die hohle Seite der Schaufel gelegt, so daß der Schaufelfuß einen in der Draufsicht rechteckigen Klotz bildet. Die Schlußverbindung erfolgt durch ein besonderes Schaufelschloß (Abb. 58), für das eine Schloßschaufel ohne seitliche Nut nebst einer Anzahl Nebenschloßschaufeln Verwendung findet. Die rechteckige Form des Schaufelfußes ermöglicht die gegenseitige Verankerung durch axial angebrachte Vorsprünge; durch zwei Keilstücke, die verstemmt werden, wird das Schaufelschloß verspannt. Abb. 59 und 60 zeigen die jetzige Schaufelbefestigung der Überdruckschaufeln von Brown, Boveri & Cie. Die niedrig beanspruchten Schaufeln des Mitteldruckteiles sind, ebenso wie die Füllstücke, mit einer Einkerbung versehen und liegen gegen einen entsprechenden Vorsprung der Nut an. Stärker beanspruchte Schaufeln erhalten einen angestauchten Fuß, während die Füllstücke gewindeähnlich profiliert sind und in Ringnuten des Läufers eingelegt werden.

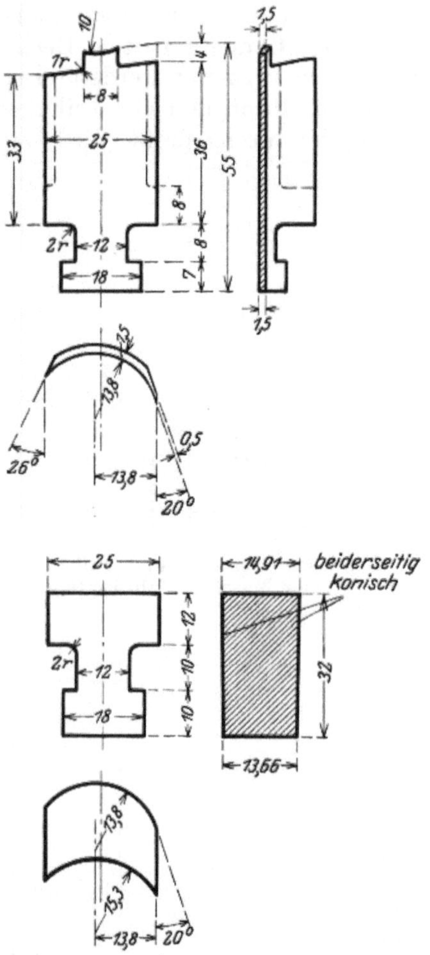

Abb. 53. Blechschaufel mit Füllstück. (Escher Wyss & Cie.)

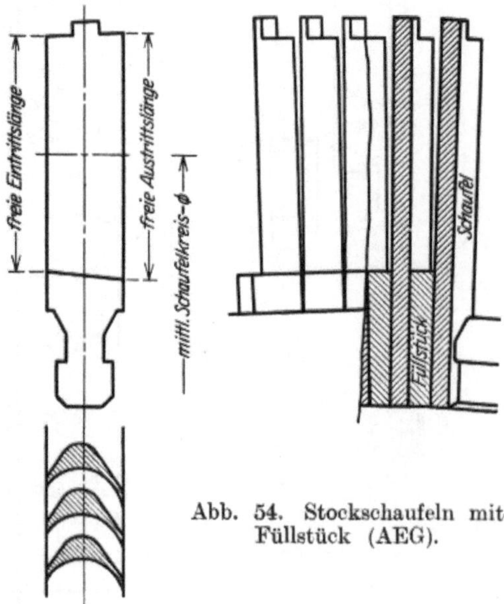

Abb. 54. Stockschaufeln mit Füllstück (AEG).

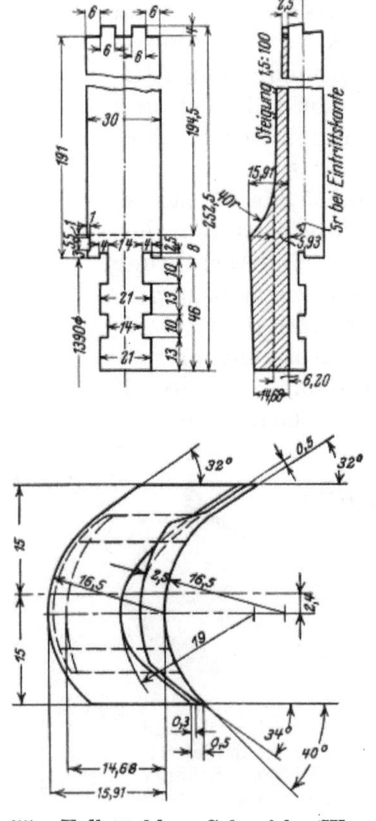

Abb. 55. Füllstücklose Schaufel. (Wumag.)

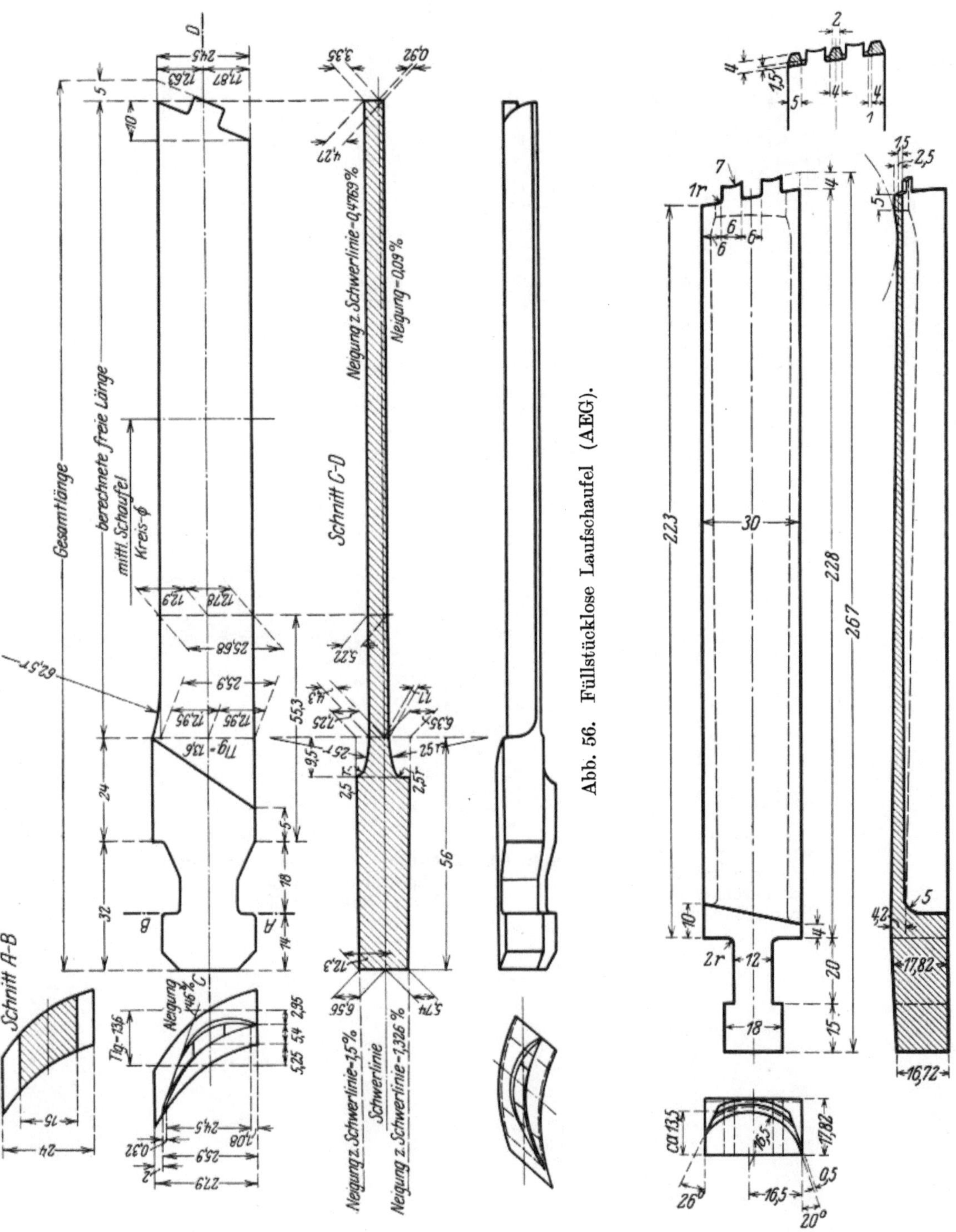

Abb. 56. Füllstücklose Laufschaufel (AEG).

Abb. 57. Füllstücklose Schaufel. (Escher Wyss & Cie.)

Während bei den bisher besprochenen Schaufelausführungen der Kranz mit einer Nut versehen ist, wählen die Bergmann-Elektr.-W. die umgekehrte Anordnung mit gegabelter Schaufel, wie sie zuerst von Rateau angegeben worden ist. Diese Anordnung hat den Vorzug, daß die Laufscheibe nicht breiter als die Schaufel selbst ausfällt. Schaufeln mit niedriger Umfangsgeschwindigkeit werden aus Nickelstahlblech gepreßt und durch Nieten mit der Laufscheibe verbunden. Der

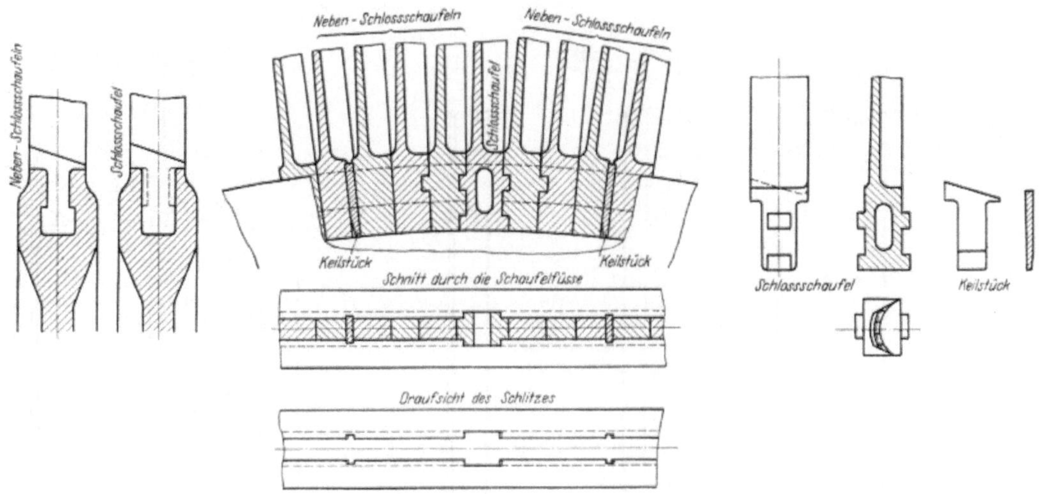

Abb. 58. Schaufelschloß. (Escher Wyss & Cie.)

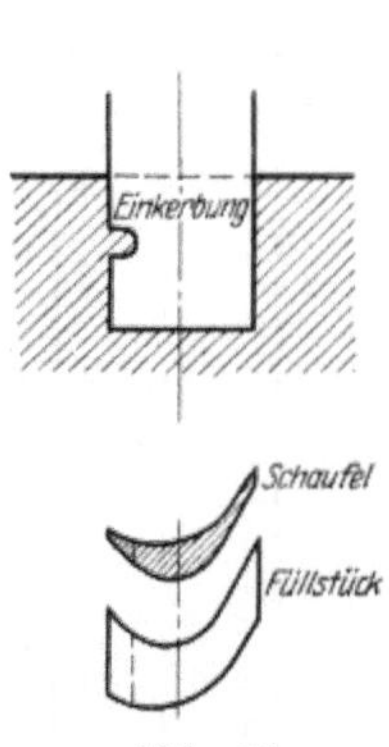

Abb. 59. Befestigung mäßig beanspruchter Überdruckschaufeln. (Brown, Boveri & Cie.)

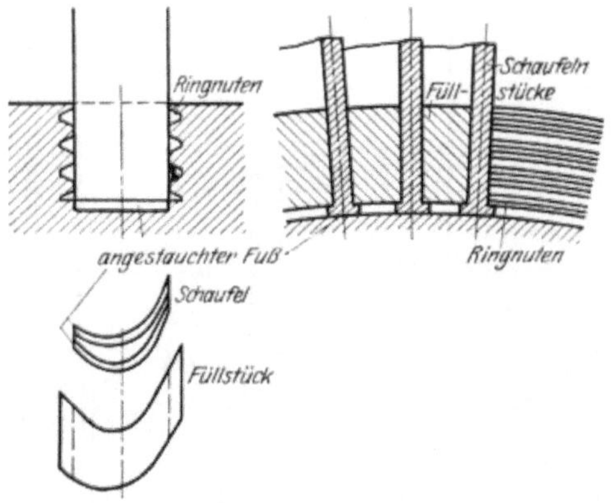

Abb. 60. Befestigung stärker beanspruchter Überdruckschaufeln. (Brown, Boveri & Cie.)

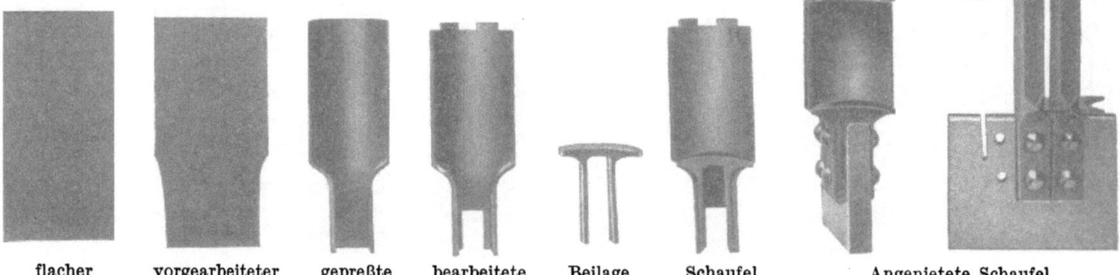

flacher Rohling — vorgearbeiteter Rohling — gepreßte Schaufel — bearbeitete Schaufel — Beilage — Schaufel mit Beilage — Angenietete Schaufel

Abb. 61. Herstellung einer Blechschaufel mit gegabeltem Fuß. (Bergmann-Elektr.-W.)

Werdegang einer solchen Schaufel ist in Abb. 61 dargestellt. Zur Wahrung des Abstandes der einzelnen Schaufeln dient die in dieser Abb. enthaltene Beilage, die zusammen mit der Schaufel vernietet wird. Das gleiche Prinzip ist auch bei der für hohe Umlaufzahlen durchgebildeten, patentierten Befestigung gewahrt. Die in Abb. 62

dargestellten Schaufeln werden auf den entsprechend nach Abb. 87 geformten Rand der Laufscheibe aufgeschoben, der zu diesem Zwecke an einer Stelle schmal gehalten ist und durch die Schlußschaufel gedeckt wird. Die Befestigung ist zur Aufnahme sehr großer Fliehkräfte geeignet, da bei starker Beanspruchung sich die Schenkel der Schaufel auseinanderbiegen und fest gegen die seitlichen Erhöhungen der Laufscheibe anlegen.

Die Schaufeln der Radialturbinen unterscheiden sich im Profil und in der Herstellung nicht von den Stockschaufeln der Axialturbinen. Sie werden auf einen umlaufenden Vorsprung der Laufscheibe aufgelegt und durch einen aufgeschrumpften Deckring gehalten. Um Biegungsbeanspruchungen von der Schaufel und der Laufscheibe fernzuhalten, werden die Schaufeln auf der Rückseite oft so verlängert, daß der Schwerpunkt in die Mitte der Laufscheibe fällt (Abb. 63).

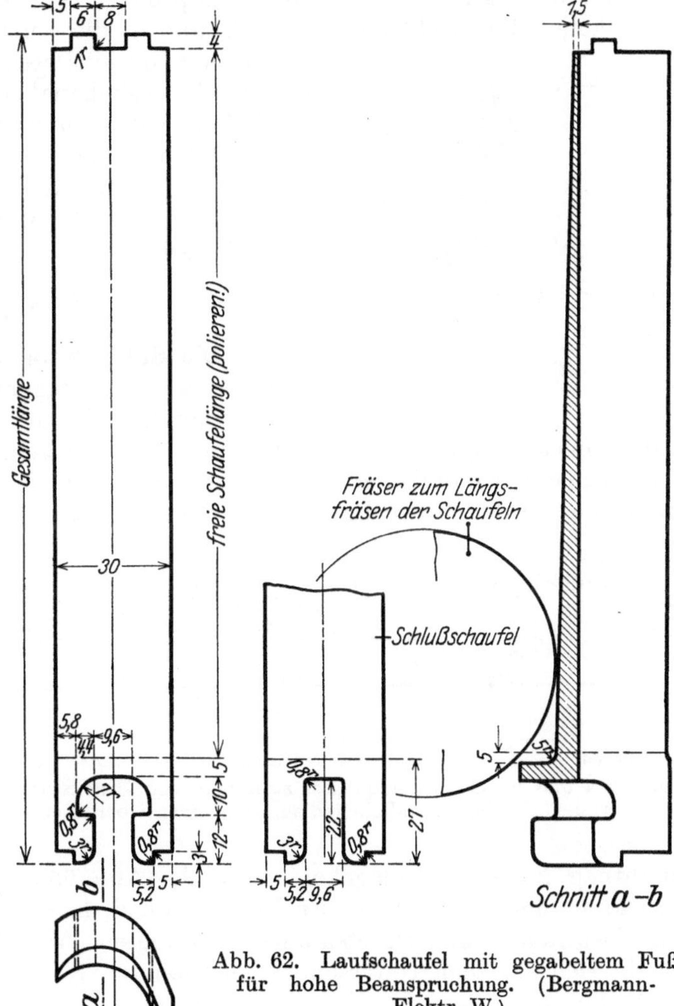

Abb. 62. Laufschaufel mit gegabeltem Fuß für hohe Beanspruchung. (Bergmann-Elektr.-W.)

C. Festigkeitsberechnung der Laufschaufeln.

a) Beanspruchungen.

Die Schaufelform ist im wesentlichen bestimmt durch die Schaufelwinkel, diese wieder durch das Geschwindigkeitsdiagramm; die übrigen Schaufelabmessungen, von denen die wichtigste die axiale Breite b ist, werden durch die Festigkeitsrechnung bedingt. Die Schaufel wird beansprucht auf Biegung durch den Ablenkungsdruck, bei Überdruckschaufeln außerdem durch den axialen Überdruck (Schub), und weiter auf Zug durch die Zentrifugalkraft, die auf die Schaufeln selbst und die Bandagen oder Bindedrähte wirkt. Der Ablenkungsdruck zerfällt in zwei Komponenten, nämlich R_u in Richtung des Umfangs und R_a in Richtung der Achse (Abb. 64); die Berechnung von R_u aus der übertragenen Leistung der betr. Stufe, dem daraus folgenden Drehmoment und der Umfangskraft ist umständlich, einfacher ist die Berechnung aus dem Geschwindigkeitsdiagramm

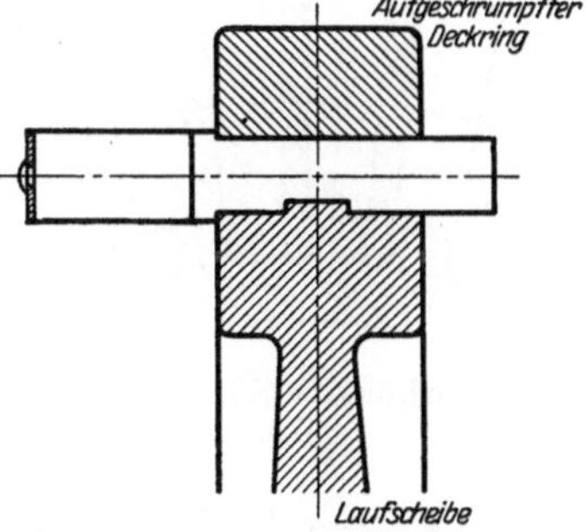

Abb. 63. Laufschaufelbefestigung der Radialturbine. (Kühnle, Kopp und Kausch.)

nach dem Satz vom Antrieb: Kraft = Masse in der Zeiteinheit × Geschwindigkeitsänderung in Richtung der Kraft.

Ist die gesamte durchgehende Dampfmenge G kg/sek, L_b der beaufschlagte Bogen (bei voller Beaufschlagung $= \pi D$) und t die mittlere Schaufelteilung — beide gemessen im mittleren Schaufelkreis —, so geht durch jeden Schaufelkanal eine Dampfmenge $G(t/L_b)$ kg/sek, die Masse je Sekunde ist demnach: $(G/g)\,(t/L_b)$. Aus der Geschwindigkeitsänderung in Richtung des Umfangs $c_{1u} - c_{2u}$, die aus dem Geschwindigkeitsdiagramm (Abb. 65) zu entnehmen ist, ergibt sich die Umfangskomponente:

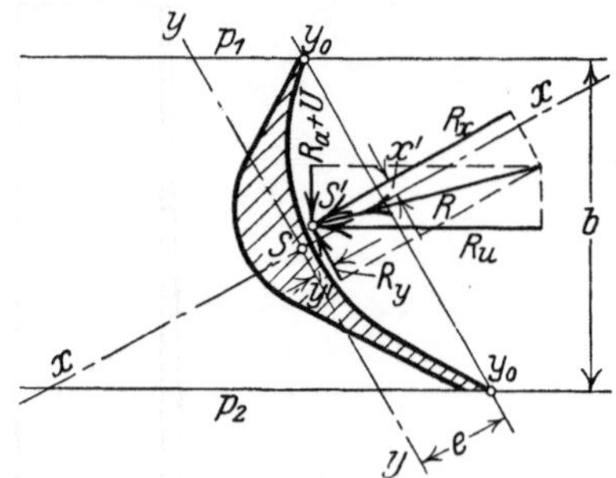

Abb. 64. Biegungskräfte der Laufschaufel.

$$R_u = \frac{G}{g} \cdot \frac{t}{L_b}\,(c_{1u} - c_{2u})\,. \tag{1}$$

Die Subtraktion der Geschwindigkeiten erfolgt unter Berücksichtigung des Vorzeichens. Da die Geschwindigkeiten am Austritt in den üblichen, zusammengelegt gezeichneten Diagrammen in umgekehrter Richtung dargestellt sind, sind die Geschwindigkeiten zu subtrahieren, wenn sie im Diagramm entgegengesetzte Richtung, in der Wirklichkeit aber, wie in Abb. 65a gestrichelt angegeben, gleiche

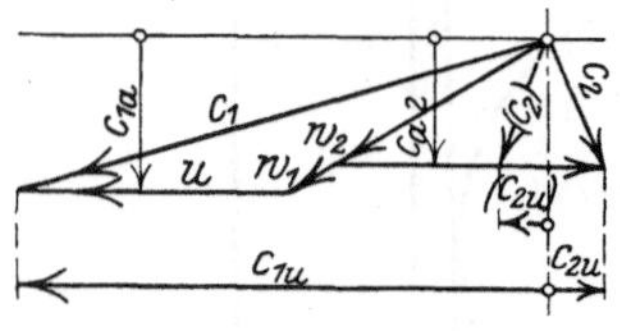

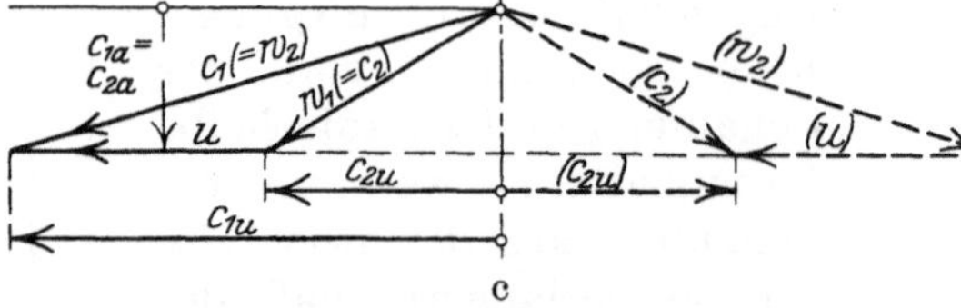

a — Umfangskomponenten sind zu subtrahieren. b — Umfangskomponenten sind zu addieren. c — Umfangskomponenten sind zu addieren.

Abb. 65 a und b. Geschwindigkeitsdiagramme von Druckstufen mit gleichem Ein- und Austrittswinkel. c) Geschwindigkeitsdiagramm einer Überdruckstufe mit halbem Reaktionsgrad.

Richtung haben, im umgekehrten Falle (Abb. 65b) aber zu addieren. Bei Überdruckschaufeln mit halbem Reaktionsgrad, d. h. bei gleicher Schaufelung des Leit- und Laufrades, sind sie ebenfalls zu addieren (Abb. 65c). Die axiale Komponente ergibt sich aus dem Unterschiede der axialen Komponenten der Absolutgeschwindigkeiten zu:

$$R_a = \frac{G}{g} \cdot \frac{t}{L_b}\,(c_{1a} - c_{2a})\,. \tag{2}$$

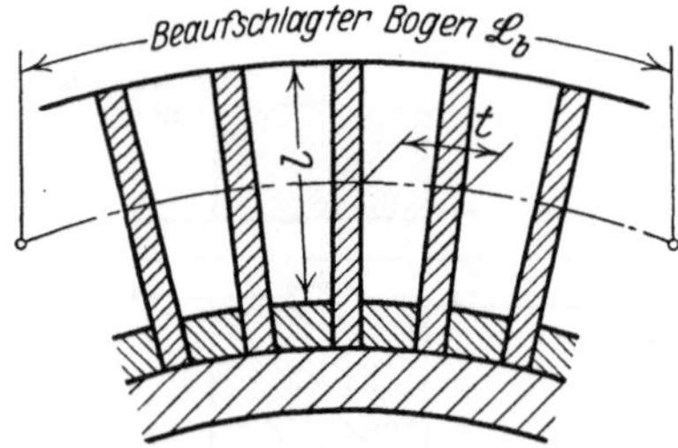

Abb. 66. Schnitt durch die Schaufelreihe.

Diese Komponente kommt bei Überdruckschaufeln meist in Fortfall, da bei halbem Reaktionsgrad infolge der Beschleunigung in der Laufschaufel von w_1 auf w_2 die axiale Geschwindigkeit am Eintritt c_{1a} gleich derjenigen am Austritt c_{2a} ist.

Dagegen tritt bei Überdruckschaufeln infolge des Druckunterschiedes vor und hinter der Schaufel $p_1 - p_2$ kg/cm² ein axialer Überdruck U (Schub) auf. Da die Laufschaufeln sich decken, d. h. bei der Aufsicht in axialer Richtung kein Spalt zu sehen ist, ist entsprechend Abb. 66

$$U = l \cdot t\,(p_1 - p_2)\,. \tag{3}$$

Aus der Umfangskomponente R_u und der axialen Komponente $R_a + U$ folgt die Resultierende:

$$R = \sqrt{R_u^2 + (R_a + U)^2}\,. \tag{4}$$

Diese Resultierende muß nun in die Komponenten R_x und R_y zerlegt werden, die parallel zu den Hauptträgheitsachsen XX und YY verlaufen, für die das Trägheitsmoment der Schaufel den größten bzw. kleinsten Wert annimmt. Der Druckmittelpunkt S' braucht mit dem Schaufelschwerpunkt S nicht zusammenzufallen, so daß Biegungs- und Drehbeanspruchungen entstehen. Die Kräfte R_x und R_y sind über die freie Schaufellänge l gleichmäßig verteilt und können in der Mitte vereinigt gedacht werden. Nimmt man an, daß die Schaufel in der Trommel oder der Laufscheibe eingespannt, die äußere Begrenzung aber frei beweglich ist, so ergeben sich die beanspruchenden Momente für die Stelle am Außendurchmesser der Füllstücke (Abb. 67).

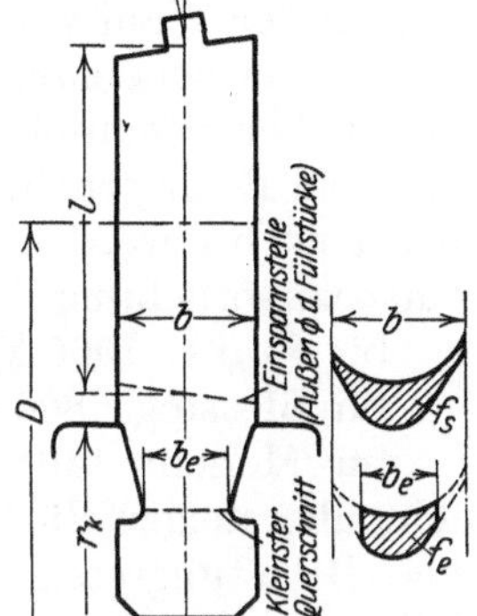

Abb. 67. Laufschaufelabmessungen.

Biegungsmoment um die Achse YY: $R_x \cdot l/2$
Biegungsmoment um die Achse XX: $R_y \cdot l/2$
Drehmoment um den Schwerpunkt: $R_x \cdot x' + R_y \cdot y'$.

In Wirklichkeit sind die Außenbegrenzungen der Schaufeln selten frei, sondern durch Bandagen oder wenigstens durch Bindedrähte gegeneinander abgesteift. Faßt man diese Absteifung als Stützung der Schaufeln auf, so betragen die Biegungsmomente nur den vierten Teil der oben angegebenen, d. h. die wirkliche Beanspruchung fällt jedenfalls kleiner aus, als sie sich rechnerisch ergibt. Die genaue Ermittelung der Hauptträgheitsachsen ist umständlich und im Hinblick auf die der Rechnung doch anhaftende Ungenauigkeit nicht lohnend. Man begnügt sich infolgedessen meist mit der Annahme, daß die Hauptträgheitsachse für das kleinste Trägheitsmoment YY durch den Schwerpunkt S parallel zur Verbindung der äußersten Punkte $Y_0 Y_0$ verläuft und die Hauptträgheitsachse für das größte Trägheitsmoment XX im Schwerpunkt S senkrecht auf YY steht. Die Biegungsbeanspruchung um die Achse XX wird im Vergleich zu derjenigen um die Achse YY sehr klein ausfallen, ebenso ist die Beanspruchung infolge des Drehmomentes sehr gering. Man rechnet daher damit, daß der Druckmittelpunkt S' mit dem Schwerpunkt S zusammenfällt, und vereinfacht die Rechnung weiter dadurch, daß $R_x = R$ gesetzt wird. Es ergibt sich dann die Biegungsbeanspruchung um die Achse YY unter Vernachlässigung der anderen Biegungs- und der Drehbeanspruchung zu:

$$\sigma_b = \frac{R \cdot l \cdot e}{2\,J_y} = \frac{R \cdot l}{2\,W_y}. \tag{5}$$

Dazu kommt die Beanspruchung durch die Zentrifugalkraft. Bei einem spezifischen Gewicht des Schaufelmaterials γ_s und einem Schaufelquerschnitt f_s beträgt für die freie Länge l die Masse der Schaufel: $(\gamma_s/g) \cdot f_s \cdot l$; die Bandagen oder Bindedrähte, sowie das in der Scheibe oder Trommel steckende Stück der Schaufel werden am besten dadurch berücksichtigt, daß an dieser Stelle eine um 3 bis 6 cm größere Länge l' statt der freien Länge l eingesetzt wird. Unter der Annahme, daß der Schwerpunkt der Schaufel auf dem mittleren Schaufelkreisdurchmesser D liegt, beträgt dann die Zentrifugalkraft (Abb. 67):

$$C = \frac{\gamma_s}{g} f_s\, l' \frac{D}{2} \omega^2. \tag{6}$$

Diese Kraft wird aufgenommen von dem kleinsten Querschnitt f_e der Schaufel, der infolge der Einfräsungen kleiner als f_s ist. Die Zugbeanspruchung ist demnach:

$$\sigma_z = \frac{C}{f_e} = \frac{\gamma_s}{g} l' \frac{D}{2} \frac{f_s}{f_e} \omega^2 = \frac{\pi^2}{900} \frac{\gamma_s}{g} l' \frac{D}{2} \frac{f_s}{f_e} n^2. \tag{7}$$

Wenn alle Längen in cm, das spezifische Gewicht in kg/cm³ eingesetzt werden, ergibt sich die Beanspruchung in kg/cm².

Es beträgt für Stahl: $\gamma_s = 8 \cdot 10^{-3}$; $\frac{\pi^2}{900} \frac{\gamma_s}{g} = 8{,}94 \cdot 10^{-8}$,

„ Messing: „ $= 8{,}6 \cdot 10^{-3}$; „ $= 9{,}61 \cdot 10^{-8}$,

„ Monelmetall: „ $= 8{,}95 \cdot 10^{-3}$: „ $= 1 \cdot 10^{7}$.

Die Gesamtbeanspruchung ergibt:

$$\sigma = \sigma_b + \sigma_z \leqq \sigma_{\text{zul}} . \tag{8}$$

Bei der Wahl von σ_{zul} ist zu beachten, daß die beiden Beanspruchungen σ_b und σ_z an etwas voneinander abliegenden Stellen auftreten, sowie daß die Annahme frei beweglicher Schaufelenden am Außendurchmesser eigentlich zu ungünstig ist. Die wirkliche Beanspruchung wird daher unter der errechneten liegen, σ_{zul} kann ziemlich hoch gewählt werden. Im allgemeinen wird für Landturbinen die rechnerische Gesamtbeanspruchung

für Stahl: 1000 kg/cm²,

für Messing: 800 kg/cm² und

für Monelmetall: 1200 kg/cm²

nicht übersteigen dürfen. Bei Schiffsturbinen kommen infolge des Umsteuerns plötzliche Belastungssteigerungen vor, so daß man bei etwa drei Viertel dieser Werte bleiben wird.

b) Bestimmung des Trägheits- und Widerstandsmomentes.

Das für Festigkeitsberechnung notwendige Widerstandsmoment der Schaufel in bezug auf die Schwerachse YY kann auf rein mechanischem Wege mit dem Integrator ermittelt werden, einem Instrument, bei dem ähnlich einem Linearplanimeter nach Umfahren der Außenkontur an drei verschiedenen Meßrädern die Fläche, das statische Moment und das Trägheitsmoment in bezug auf eine bestimmte Achse abzulesen ist[1]). Da die Meßgenauigkeit nicht sehr groß ist, empfiehlt sich die Aufzeichnung des Schaufelprofils in vergrößertem Maßstab, etwa 10 : 1.

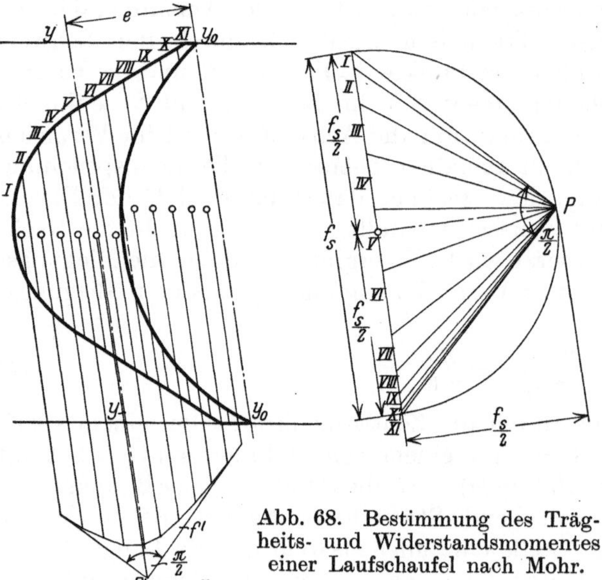

Abb. 68. Bestimmung des Trägheits- und Widerstandsmomentes einer Laufschaufel nach Mohr.

Ein zeichnerisches Verfahren ist von Mohr[2]) angegeben (Abb. 68). Die Gesamtfläche des Schaufelprofils f_s wird in einzelne Flächenstreifen (I bis XI) zerlegt, deren Inhalte und Schwerpunktsabstände als Kreisabschnitte oder Trapeze sich leicht ermitteln lassen. Die Flächeninhalte der Streifen werden als Belastungen parallel der Linie $Y_0 Y_0$ aufgetragen, und das Poleck, sowie das Seileck für die Schwerachsen der einzelnen Flächenstreifen aufgezeichnet. Zweckmäßig wählt man hierbei den Pol P senkrecht über der Mitte der die Gesamtfläche f_s darstellenden Strecke und die Polhöhe mit $\frac{f_s}{2}$. Es bilden dann die äußersten Polstrahlen und ebenso die äußersten Seilstrahlen je einen rechten Winkel. Der Schnittpunkt P' der äußersten Seilstrahlen ergibt die Lage der Schwerachse YY und damit die Entfernung e der äußersten gezogenen Faser. Bei der oben angegebenen Wahl des Poles P wird das Trägheitsmoment in bezug auf die Achse YY:

$$J_y = f' \cdot f_s$$

und das Widerstandsmoment

$$W_y = \frac{f' \cdot f_s}{e},$$

wobei f' die von sämtlichen Seilstrahlen eingeschlossene Fläche bedeutet.

---

[1]) Nähere Beschreibung s. Johow-Förster: Hilfsbuch für den Schiffbau, 4. Aufl., S. 227.

[2]) Bach-Baumann: Elastizität und Festigkeit, 9. Aufl., S. 241.

In gleicher Weise kann, falls erforderlich, auch das Trägheitsmoment für die senkrecht auf YY stehende Schwerachse XX ermittelt werden.

Natürlich ist der Maßstab zu beachten. Ist als Längenmaßstab 1 cm $= a$ cm gewählt, so ist die Fläche mit a^2, das Trägheitsmoment mit a^4 und das Widerstandsmoment mit a^3 zu multiplizieren, d. h. bei Aufzeichnung im Maßstab 10 : 1 mit $\frac{1}{100}$ bzw. $\frac{1}{10000}$ bzw. $\frac{1}{1000}$.

Die Berechnung der Schaufelung wird außerordentlich umständlich, wenn kein sog. Schaufelatlas vorhanden ist, eine systematische Zusammenstellung, aus der die passende Schaufel entsprechend

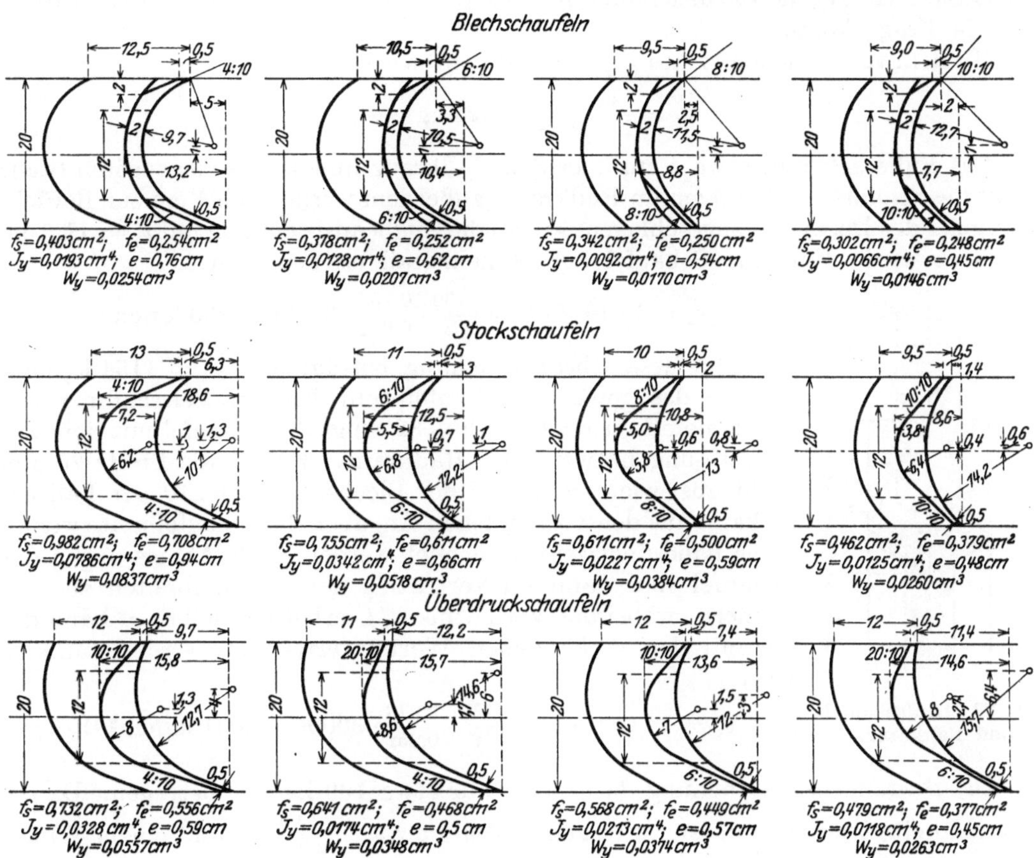

Abb. 69 bis 80. Schaufelprofile für $b = 20$ mm.

dem erforderlichen Widerstandsmoment in ähnlicher Weise wie die normalen U- und T-Eisen ausgewählt werden kann. Um wenigstens einen Anhalt für die Größenordnungen zu geben, sind in Abb. 69 bis 80 für eine Anzahl verschiedener Schaufelformen mit steigendem Schaufelwinkel und 20 mm Breite die erforderlichen Angaben zusammengestellt. Für andere Breiten kann näherungsweise angenommen werden, daß die Teilung t und der Abstand e mit der ersten, die Fläche mit der zweiten, das Widerstandsmoment mit der dritten und das Trägheitsmoment mit der vierten Potenz der Breite wachsen.

c) Beispiel.

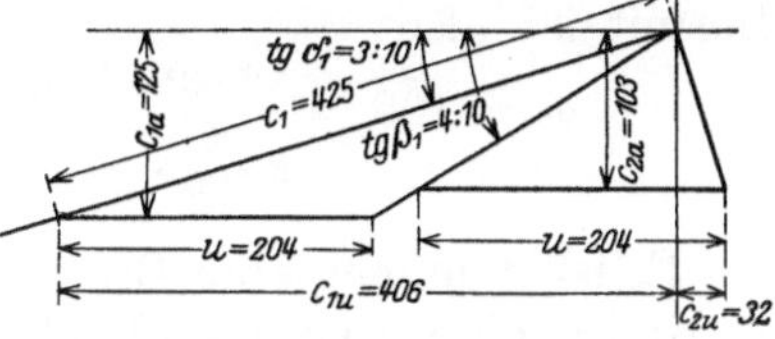

Abb. 81. Geschwindigkeitsdiagramm.

Bei einem Dampfdurchgang von 5 kg/sek und einer Umlaufzahl $n = 3000$ soll für eine Druckstufe das in Abb. 81 dargestellte Geschwindigkeitsdiagramm bestimmt sein, der Beaufschlagungsbogen soll 500 mm, die mittlere freie Schaufellänge 8 cm betragen. Der mittlere Schaufelkreisdurchmesser beträgt 1,3 m, die Eintritts- und Austrittsneigung $\tan\beta_1 = \tan\beta_2 = 6 : 10$. Wird zunächst probeweise die in Abb. 74 dargestellte Stockschaufel der Berechnung zugrunde gelegt, so ergibt sich nach Gl. (1), S. 30:

$$R_u = \frac{5}{9{,}81} \cdot \frac{1{,}1}{50} (406 - 32) = 4{,}18 \text{ kg},$$

nach Gl. (2), S. 30:

$$R_a = \frac{5}{9{,}81} \cdot \frac{1{,}1}{50} (125 - 103) = 0{,}246 \text{ kg}$$

und entspr. Gl. (4) die Resultierende $R = \sqrt{4{,}18^2 + 0{,}246^2} = 4{,}19$ kg, da Überdruck nicht in Frage kommt.

Mit dem vorhandenen Werte $W_y = 0{,}0518$ cm³ wird

$$\sigma_b = \frac{4{,}19 \cdot 8}{2 \cdot 0{,}0518} = 324 \text{ kg/cm}^2.$$

Das Füllstück ragt etwa 1 cm über den Radkranz hinaus, bis zur engsten Stelle steckt die Schaufel noch 1,5 cm im Radkranz, außerdem werde noch 1 cm zur Berücksichtigung des Deckrings zugeschlagen, so daß die Zugbeanspruchung mit $l' = 11{,}5$ cm gerechnet wird. Für eine Schaufel aus Monelmetall ist demnach:

$$\sigma_z = 1 \cdot 10^{-7} \cdot 11{,}5 \cdot \frac{130}{2} \cdot \frac{0{,}755}{0{,}611} \cdot 3000^2 = 830 \text{ kg/cm}^2.$$

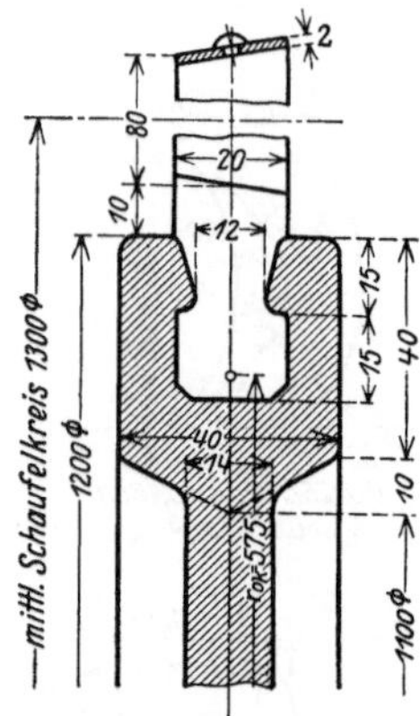

Abb. 82. Laufschaufel und Radkranz.

Die Gesamtbeanspruchung beträgt $\sigma_b + \sigma_z = 1154$ kg/cm², so daß das gewählte Schaufelprofil bei der Verwendung von Monelmetall ausreicht. Abb. 82 zeigt die Schaufel mit dem zur Befestigung notwendigen Radkranz. Reicht die Breite 20 mm nicht aus, wie es z. B. bei der Blechschaufel 6 : 10 der Fall ist, so kann aus den vorhandenen Angaben die Schaufelbreite wenigstens näherungsweise errechnet werden. Alle Abmessungen der Schaufel sind dann im Verhältnis der Schaufelbreiten zu verkleinern, wobei das Verhältnis f_s/f_e erhalten bleibt; σ_z kann daher mit den vorhandenen Werten errechnet werden, und es wird:

$$\sigma_z = 1 \cdot 10^{-7} \cdot 11{,}5 \cdot \frac{130}{2} \cdot \frac{0{,}378}{0{,}252} \cdot 3000^2 = 1001 \text{ kg/cm}^2 \text{ [1]}.$$

Die Biegungsbeanspruchung darf daher nur etwa 199 kg/cm² betragen. Da die Schaufelbreite b unbekannt ist, ist mit einer Teilung $t = \frac{b \cdot 1{,}05}{2{,}0}$ cm und einem Widerstandsmoment: $W_y = \frac{b^3}{2^3} \cdot 0{,}0207$ cm³ zu rechnen; es ist also:

$$R_u = \frac{5}{9{,}81} \cdot \frac{b \cdot 1{,}05}{50 \cdot 2} (406 - 32) = \approx 2b$$

und

$$R_a = \frac{5}{9{,}81} \cdot \frac{b \cdot 1{,}05}{50 \cdot 2} (125 - 103) = \approx 0{,}118 b.$$

Die Resultierende wird:

$$R = b\sqrt{2^2 + 0{,}118^2} = 2{,}035 b.$$

Hiermit ist also:

$$\sigma_b = 199 = \frac{2{,}035 \cdot b \cdot 8}{2 \cdot \frac{b^3}{2^3} \cdot 0{,}0207}, \quad \text{oder} \quad b^2 = \frac{2{,}035 \cdot 8 \cdot 8}{2 \cdot 0{,}0207 \cdot 199} = 15{,}85.$$

Es ist demnach eine Breite $b = 4$ cm erforderlich, so daß der Schaufelkranz und die Radscheibe breiter und schwerer ausfallen. Soll dies vermieden werden, können Schaufel und Füllstück aus dem Vollen hergestellt werden, so daß das Füllstück mitträgt, etwa entsprechend Abb. 55 bis 57, wobei natürlich die Schaufelherstellung wesentlich verteuert wird. Auch hier kann die Zugbeanspruchung aus den vorhandenen

[1] $\frac{0{,}378}{0{,}252}$ folgt aus Abb. 70.

Maßen (Abb. 74) gerechnet werden. An der Einspannstelle beträgt der Durchmesser des Schaufelkranzes etwa 118 cm. Die Teilung verringert sich demnach für $b = 2$ cm auf $1{,}05 \cdot \frac{118}{130} = 0{,}955$ cm. Der Einspannquerschnitt ist $f_e = 2 \cdot 0{,}955 = 1{,}91\ \text{cm}^2$.

Damit ergibt sich

$$\sigma_z = 1 \cdot 10^{-7} \cdot 11{,}5 \cdot \frac{130}{2} \cdot \frac{0{,}378}{1{,}91} \cdot 3000^2 = 121\ \text{kg/cm}^2 .$$

Die tragende Fläche an der Wurzel des Schaufelprofils ist f_s, die Länge l' ist hier etwa 2,5 cm kürzer als an der Einspannstelle, so daß die Zugbeanspruchung beträgt:

$$\sigma_z = 1 \cdot 10^{-7} \cdot 9 \cdot \frac{130}{2} \cdot 3000^2 = 527\ \text{kg/cm}^2 .$$

σ_b darf demnach $1200 - 527 = 673\ \text{kg/cm}^2$ betragen. Mit dem oben errechneten Wert $R = 2{,}035\, b$ ergibt sich mithin:

$$\sigma_b = 673 = \frac{2{,}035 \cdot b \cdot 8}{2 \cdot \frac{b^3}{2^3} \cdot 0{,}0207}\,; \qquad b^2 = \frac{2{,}035 \cdot 8 \cdot 8}{2 \cdot 673 \cdot 0{,}0207} = 4{,}67; \qquad b \approx 2{,}2\ \text{cm}.$$

Eine weitere Verkleinerung der Schaufelabmessungen ist möglich, wenn die Schaufel verjüngt ausgeführt wird, so daß sich ihr Gewicht verringert und der Schwerpunkt näher an die Achse heranrückt, wodurch Zentrifugalkraft und Zugbeanspruchung verkleinert werden. Die Spannungsermittelung muß für eine Reihe von Querschnitten erfolgen.

IV. Läufer.

A. Trommeln, Laufscheiben und Wellen.

Die Grundformen des die Laufschaufelung tragenden Läufers sind die Laufscheibe und die Trommel. Die Laufscheibe ohne Bohrung, die die günstigste Materialausnutzung ergibt, ist von de Laval für die einstufige Aktionsturbine ausgebildet worden, die Befestigung der Wellenenden mittels angeschraubter Flanschen zeigt

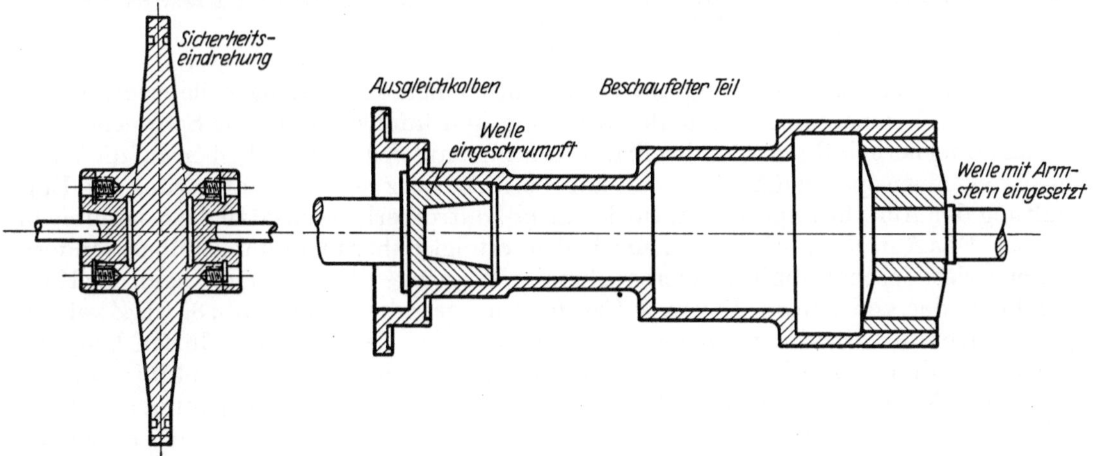

Abb. 83. Laufscheibe der Laval-Turbine.

Abb. 84. Aufgeschrumpfte Trommel.

Abb. 83. Unterhalb des Kranzes ist die Laufscheibe beiderseitig unterstochen, damit bei einer etwaigen Havarie der Kranz zum Abplatzen kommt, bevor die Scheibe selber zu Bruch geht.

Parsons verwendete für die vielstufige Überdruckturbine die Trommel als Laufschaufelträger, da die erforderliche volle Beaufschlagung kleine Durchmesser, infolgedessen kleine Stufengefälle und große Stufenzahlen bedingte. Die bei Landturbinen meist abgestufte und aus einem Stück mit den Ausgleichkolben hergestellte Trommel wird entweder unmittelbar oder mit Hilfe von Armsternen auf die Welle aufgeschrumpft (Abb. 84).

Die Bauart der Trommel ermöglicht eine sehr dichte Aneinanderreihung der einzelnen Stufen und damit eine Verkürzung der Baulänge. Der radiale Spalt der Leitschaufeln, durch den Dampf ohne Arbeitsleistung durchgepreßt wird, liegt auf dem Trommelumfang, die Spaltfläche ist also ziemlich erheblich, so daß nur kleine Druckdifferenzen vor und hinter der Leitschaufel zulässig sind, um diesen Verlust nicht zu groß werden zu lassen.

Die größeren Stufengefälle mehrstufiger Aktionsturbinen machen es daher notwendig, den radialen Spalt der Leitvorrichtungen näher an die Welle zu verlegen, um seine Fläche zu verkleinern, dadurch bessere Abdichtung zu ermöglichen und den Dampfverlust zu verringern. Die einzelnen Laufscheiben müssen mit Bohrungen und Naben versehen werden, obwohl hierdurch die Beanspruchung erheblich gesteigert wird. Häufig sind auch in der Scheibe Ventilationslöcher angebracht, um unbeabsichtigte Druckunterschiede, wie sie beim Anlassen eintreten können, auszugleichen. Die

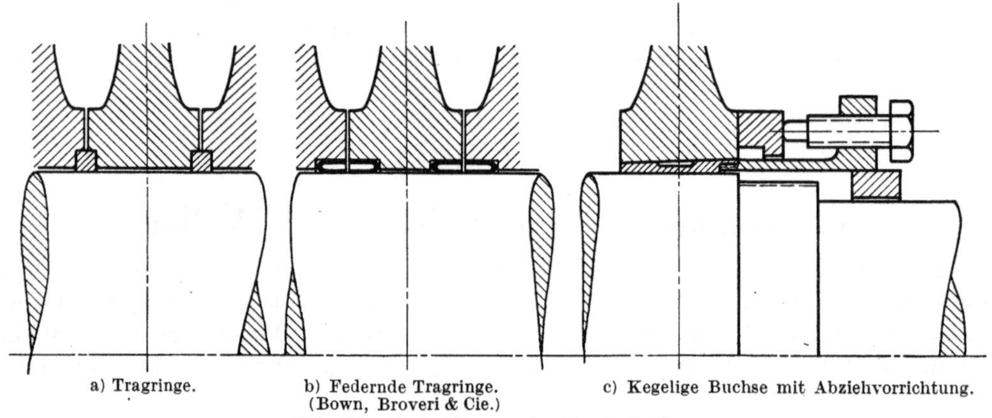

a) Tragringe. b) Federnde Tragringe. (Bown, Broveri & Cie.) c) Kegelige Buchse mit Abziehvorrichtung.

Abb. 85. Befestigung der Laufscheiben.

Befestigung auf der Welle kann nur bei Kleinturbinen durch Längskeile erfolgen, die immer eine Verspannung in radialer Richtung und infolgedessen eine Schwerpunktsverlagerung herbeiführen. Unmittelbares Aufschrumpfen der Laufscheiben auf die Welle erschwert einen späteren Ausbau und führt bei nicht ganz genauer Bearbeitung und Einhaltung der Aufschrumpftemperatur leicht unkontrollierbare zusätzliche Spannungen herbei. Das Aufschrumpfen der Laufscheiben erfolgt daher nicht unmittelbar, sondern unter Zwischenschaltung besonderer schmaler Tragringe (Abb. 85a), die nach der Konstruktion der von Brown, Boveri & Cie. federnd gestaltet sind (Abb. 85b). Zwei um 180° versetzte Längsfedern dienen nur zur Sicherung der Lage und dürfen keinerlei Anzug erhalten. Da die Laufscheibe sich im Betrieb infolge der Fliehkräfte dehnt, muß ihre Nabe im Ruhezustand mit einer bestimmten Montagespannung auf der Welle aufliegen, damit sie sich im Lauf nicht abhebt. Eine Befestigung, bei der die Genauigkeit der Werkstattausführung sehr leicht nachzuprüfen ist und die daher die Einhaltung einer bestimmten Montagespannung gewährleistet, läßt sich durch Zwischenschaltung einer kegeligen Buchse erzielen (Abb. 85c). Sie erleichtert außerdem das Abziehen der einzelnen Scheiben durch eine einfache Vorrichtung.

Niedrig beanspruchte Laufscheiben werden hergestellt aus SM-Flußstahl von etwa 40 bis 50 kg/mm² Zerreißfestigkeit, hochbeanspruchte aus Ni-Stahl von etwa 60 bis 70 kg/mm² Zerreißfestigkeit, die Streckgrenze liegt bei 22 bis 25 kg/mm² bzw. bei 35 bis 40 kg/mm². Auch bei der Herstellung der Trommeln wird Stahlguß kaum mehr verwendet, sondern fast ausschließlich geschmiedetes Material. Besondere Sorgfalt ist auf die gleichmäßige Durcharbeitung des Baustoffes zu legen, da die der Festigkeitsrechnung zugrunde gelegte Materialeigenschaft auch tatsächlich an allen

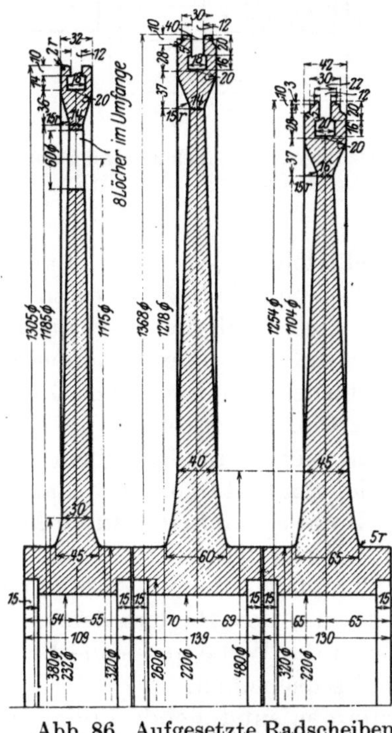

Abb. 86. Aufgesetzte Radscheiben (Escher Wyss & Cie.).

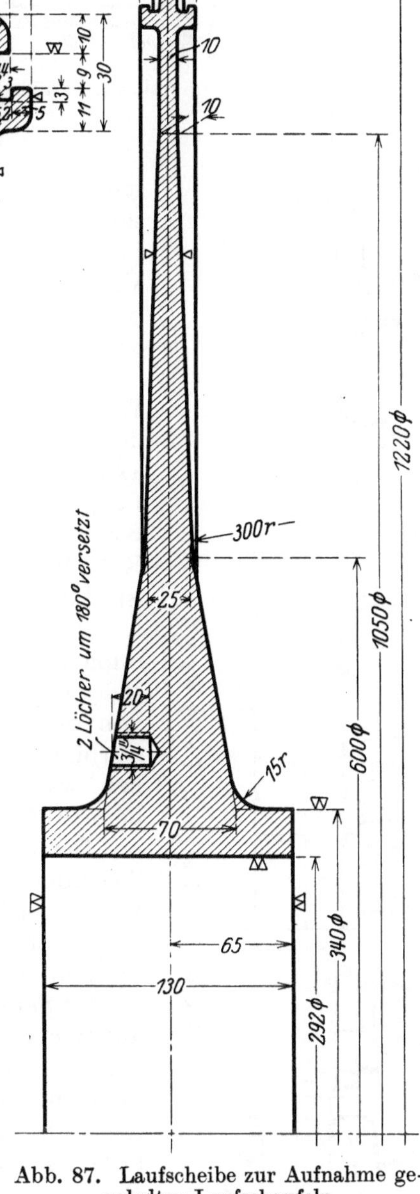

Abb. 87. Laufscheibe zur Aufnahme gegabelter Laufschaufeln (Bergmann-Elektr.-W.).

Stellen vorhanden sein muß. Der Rohblock wird daher möglichst in noch flüssigem Zustand gepreßt, um Schlackeneinschlüsse und Lunkerbildungen zu beseitigen. Dann werden die für die einzelnen Laufscheiben erforderlichen Teile abgestochen und unter der Presse oder dem Hammer durchgeschmiedet. Rechnerisch sind die Kräfte in der Nabenbohrung am größten, es tritt aber gerade hier eine Materialanhäufung auf, die die Gefahr zu geringer Durcharbeitung der am stärksten beanspruchten Stelle in sich birgt. Die Nabenbohrung soll deshalb durch Aufdornen hergestellt werden, um die Durcharbeitung zu ergänzen. Die Laufscheiben müssen nach dem Vordrehen ausgeglüht werden, um innere Spannungen, die von der Bearbeitung unter dem Hammer oder der Presse herrühren können, auszugleichen. Dabei ist auf völlige Durchwärmung auch des stärksten Teiles, d. h. im allgemeinen der Nabe, zu achten. Die Festigkeit des Materials wird durch Wärmebehandlung (Vergüten) erhöht, die in Glühen, Abschrecken im Ölbad und nachfolgendem Wiederanlassen besteht.

Abb. 86 zeigt drei Laufscheiben nach der Ausführung von Escher Wyss & Cie., die mit Tragringen aufgesetzt sind und durch Federn gesichert werden, Abb. 87 die zur Befestigung der gegabelten Laufschaufeln gemäß Abb. 62 konstruierte Lauf-

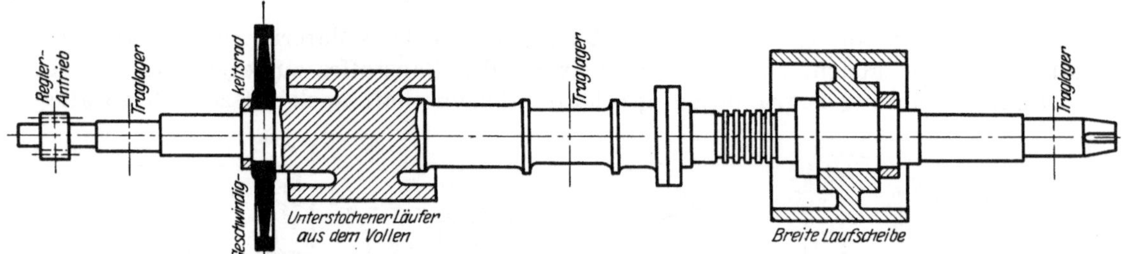

Abb. 88. Läufer des Hoch- und Mitteldruckteils einer Dreigehäuseturbine (Brown, Boveri & Cie.).

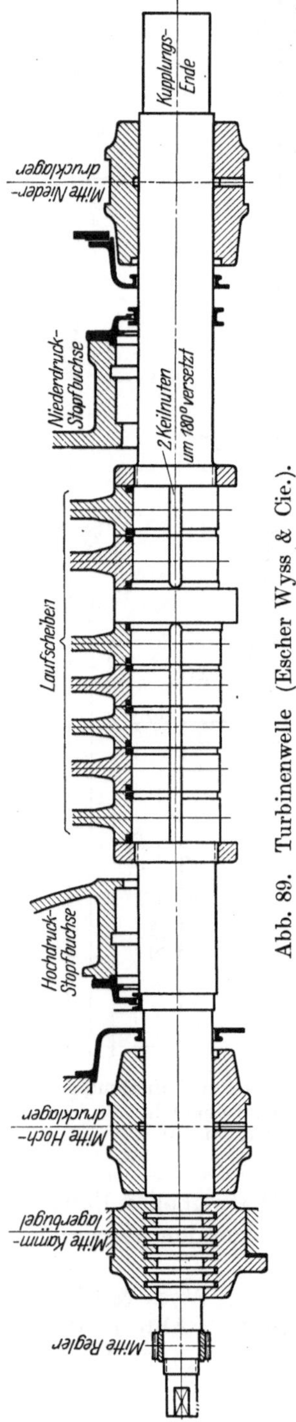

Abb. 89. Turbinenwelle (Escher Wyss & Cie.).

scheibe der Bergmann-Elektricitäts-W. Die Laufscheiben sind meist nur für eine, bei Geschwindigkeitsstufen für zwei Laufschaufelreihen bestimmt. Jedoch finden auch noch breitere Verwendung, so ist in Abb. 88 die statt einer Trommel benutzte breite Laufscheibe des Mitteldruckzylinders einer Dreigehäuseturbine von Brown, Boveri & Cie. dargestellt.

Eine zur Aufnahme von sieben Laufscheiben bestimmte Welle von Escher Wyss & Cie. zeigt Abb. 89. Die Laufscheiben liegen gegen einen mittleren Bund an und sind durch Muttern in axialer Lage gesichert. Die Wellenlänge ergibt sich aus der Länge der Stopfbuchsen, der Traglager, des zur Aufnahme axialer Kräfte bestimmten Kammlagers, des Reglerantriebs und des Kupplungsendes. Der Baustoff der Welle und seine Behandlung ist die gleiche wie bei den Laufscheiben.

Die durch das Aufschrumpfen entstehende radiale Verspannung der Laufscheiben gegen die Welle bringt die Gefahr mit sich, daß die Scheibe unter dem Einfluß der Fliehkraft sich von der Welle abhebt; auch Wärmedehnungen können die Verbindung lockern, wenn die äußeren Teile, d. h. die Laufscheiben, wärmer werden als der innere, nämlich die Welle, wie es beim Anfahren der Turbine eintritt. Die Durchbiegung, die sich im Betriebe noch vergrößert, bewirkt, daß die jeweils unten liegenden Fasern der Welle gedehnt, die oben liegenden verkürzt werden. Wenn auch die Längenänderungen nur von geringer absoluter Größe sind, treten sie doch in einem sehr raschen Wechsel ein; bei 3000 Uml./min wird jede Faser 50mal in der Sekunde verlängert und verkürzt. Die auf der Welle aufsitzenden Naben der Laufscheiben haben keine Veranlassung, an diesen periodischen Veränderungen der Welle teilzunehmen, so daß eine dauernde gegenseitige Bewegung der beiden aufeinandersitzenden Teile erfolgt, die wohl geeignet ist, derartige radiale Verspannungen im Laufe der Zeit zu lockern. Bei der von Thyssen & Co. ausgeführten Dampfturbine der Bauart Thyssen-Röder ist aus diesen Gründen statt der radialen eine axiale Verspannung durch eingepaßte Schraubenbolzen vorgesehen. Diese Art des Aufbaues des Läufers ermöglicht die Verwendung von Laufscheiben ohne Nabenbohrung sowohl im Hochdruckteil als Geschwindigkeitsrad, als auch im Niederdruckteil, wo der erreichbare große Durchmesser die Erzielung großer Durchgangsquerschnitte und hoher Umfangsgeschwindigkeiten erlaubt, also die wirtschaftliche Verwertung

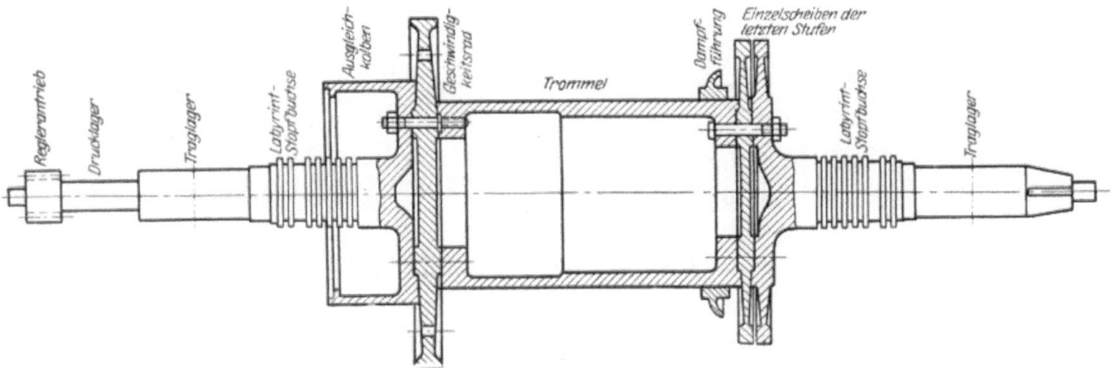

Abb. 90. Längsverspannter Läufer einer 12 000 kW-Thyssen-Röder-Turbine.

erheblich größerer Dampfmengen, als sie durch Trommeln oder Laufscheiben mit Nabenbohrung möglich wären. Abb. 90 zeigt die Zusammensetzung des Läufers einer 12000 kW-Turbine, wobei als Mitteldruckteil eine Trommel verwendet und der vordere Wellenstumpf als Ausgleichkolben, der hintere als Träger der letzten Laufschaufelreihe ausgebildet ist. Die Ansicht der Niederdrucklaufräder mit den Befestigungs- und Ventilationslöchern zeigt Abb. 91.

Abb. 91. Niederdrucklaufräder einer Thyssen-Röder-Turbine (Thyssen & Co.).

B. Läufer aus dem Vollen.

Noch sicherer werden die Gefahren der radialen Verspannung durch Herstellung des Läufers und der Welle aus einem Stück vermieden. Abb. 92 zeigt eine Konstruktion der von Brown, Boveri & Cie., bei der die Trommel und derWellenstumpf auf der Dampfeintrittsseite aus dem Vollen hergestellt, während der Wellenstumpf auf der Dampfaustrittsseite eingeschrumpft ist. Bemerkenswert ist hierbei auch die kegelige Form der Trommel zur Erzielung wachsender Umfangsgeschwindigkeiten und Stufengefälle. Vollständig aus dem Vollen hergestellt ist der Trommelläufer einer Brown, Boveri & Cie.-Gegendruckturbine (Abb. 93), der nur eine Reihe von Entlastungslöchern aufweist. Ebenfalls aus dem Vollen hergestellt ist der in Abb. 88 dargestellte Läufer des Hochdruckzylinders der Dreigehäuseturbine von Brown, Boveri & Cie., der aber im Gegensatz zu Abb. 93 von beiden Seiten unterstochen ist.

Nach dem Vorgange der Ersten Brünner Maschinenfabriksges. ist die Herstellung der Läufer aus dem Vollen auch für die Druckstufen eingeführt worden; Abb. 94 zeigt einen solchen Läufer in der Ausführung der AEG. Der Zweck dieser Konstruktion

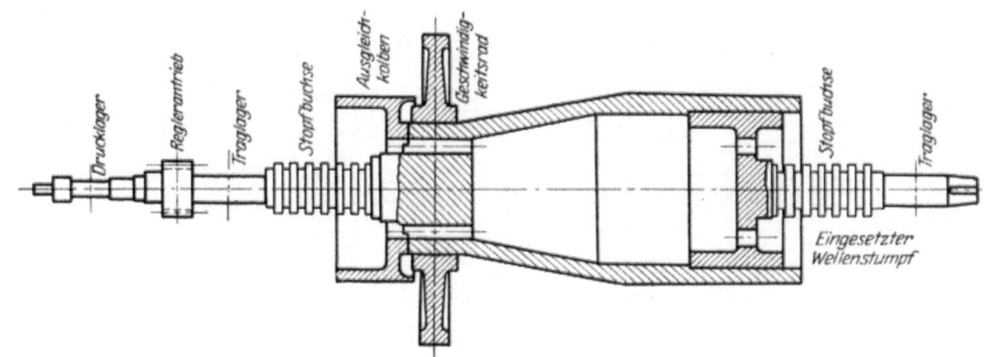

Abb. 92. Läufer einer 2000 kW-Turbine. (Brown, Boveri & Cie.).

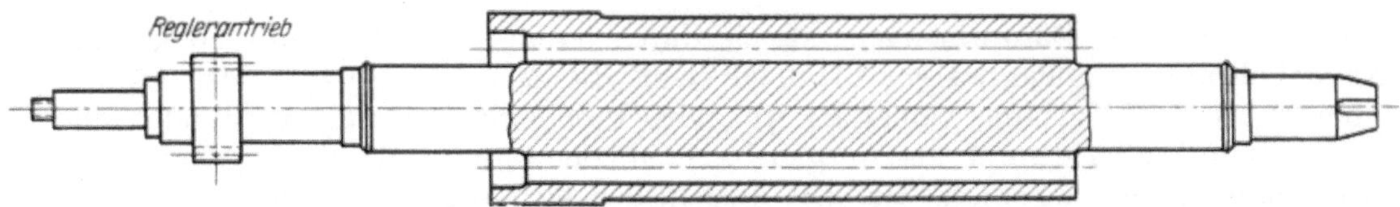

Abb. 93. Läufer aus dem Vollen einer Gegendruckturbine. (Brown, Boveri & Cie.).

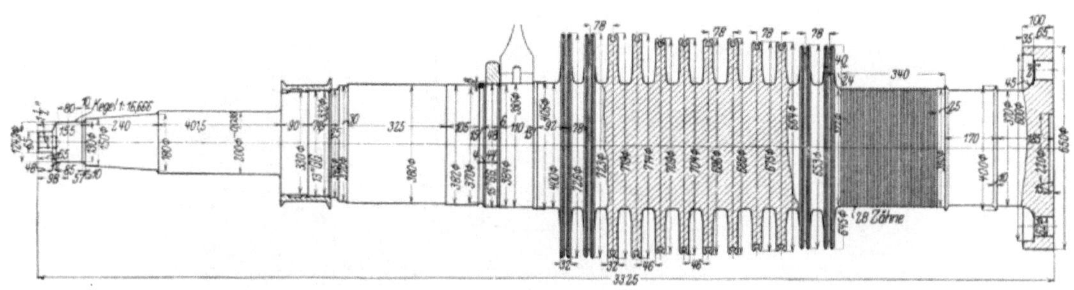

Abb. 94. Läufer aus dem Vollen (AEG).

ist die Verkürzung der Baulänge der ganzen Turbine, da die bei der Einzelaufsetzung der Laufscheiben erforderliche Nabenlänge gespart werden kann. Auf der anderen Seite ist die Durcharbeitung derartig großer Schmiedestücke — Abb. 95 zeigt den Rohling eines solchen, aus dem Vollen hergestellten Läufers von Borsig — wesentlich schwieriger als die der einzelnen Laufscheiben. Auch stellen sich Materialfehler oft erst heraus, wenn schon erhebliche Kosten für die Bearbeitung aufgewendet sind, weshalb das Vordrehen häufig schon auf dem Stahlwerk erfolgt. Etwaige Havarien machen den Ausbau und unter Umständen sogar den Ersatz des ganzen Läufers erforderlich, auch wenn nur eine einzelne Stufe betroffen ist, so daß die Kosten einer solchen Reparatur sehr erheblich werden können und, was oft noch stärker ins Gewicht fällt, die Turbine länger außer Betrieb bleiben

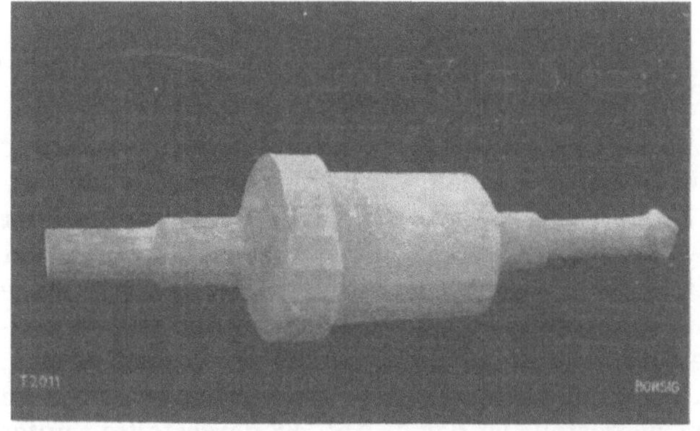

Abb. 95. Schmiedeblock eines Läufers aus dem Vollen (A. Borsig).

muß, da die Herstellung eines neuen Läufers natürlich wesentlich längere Zeit beansprucht als diejenige einer einzelnen Laufscheibe.

Abb. 96 stellt den Rohling während der Bearbeitung auf der Drehbank dar, während Abb. 97 den fertigbeschaufelten Läufer zeigt.

Abb. 96. Ausstechen der Scheiben und Vorschruppen eines Läufers aus dem Vollen (A. Borsig).

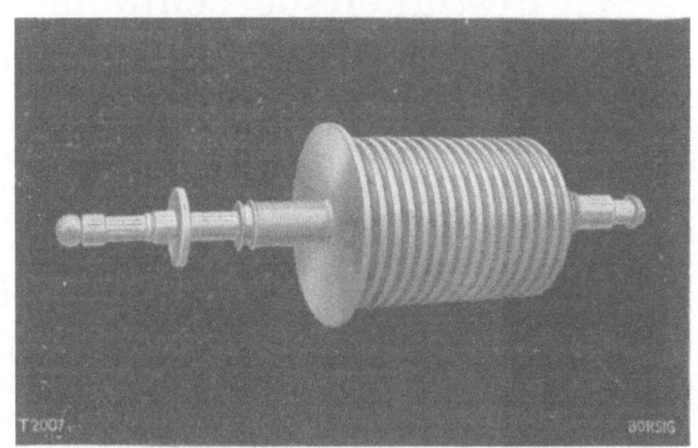

Abb. 97. 16stufiger Läufer aus dem Vollen einer Gegendruckturbine von 600 mm Raddurchmesser (A. Borsig).

C. Kupplungen.

Die Art der Kupplung zwischen Turbinen- und Generatorwelle bzw. bei mehrgehäusigen Turbinen zwischen den einzelnen Wellenstücken richtet sich nach der Lagerung. Sind nur drei Lager vorhanden, muß die Kupplung starr sein, so daß die Welle dreifach gelagert, also einfach statisch unbestimmt wird. Der Kupplungsflansch kann dabei entweder an die Welle angeschmiedet oder aufgezogen sein. Eine starre Kupplung der AEG mit angeschmiedetem Flansch zeigt Abb. 98. Die Zentrierscheibe dient nur zum genauen gemeinsamen Bohren und Aufreiben der Löcher für die eingepaßten Kupplungsbolzen in den beiden Wellenenden und wird nach der Montage herausgenommen und auf dem Schlüsselbrett aufbewahrt. Eine Kupplung von Escher Wyss & Cie. mit aufgepreßtem Kupplungsflansch zeigt Abb. 99. Der Kupplungsflansch wird durch zwei Federn gesichert und durch eine Mutter gehalten. Sind zwischen den beiden Gehäusen zwei Lager vorhanden, so ist eine nachgiebige Kupplung erforderlich. Die Kupplung von Brown, Boveri & Cie. (Abb. 100) ist eine doppelte Klauenkupplung, die — abgesehen von der dämpfenden Wirkung der Ölschicht zwischen den Klauen — zwar in bezug auf die

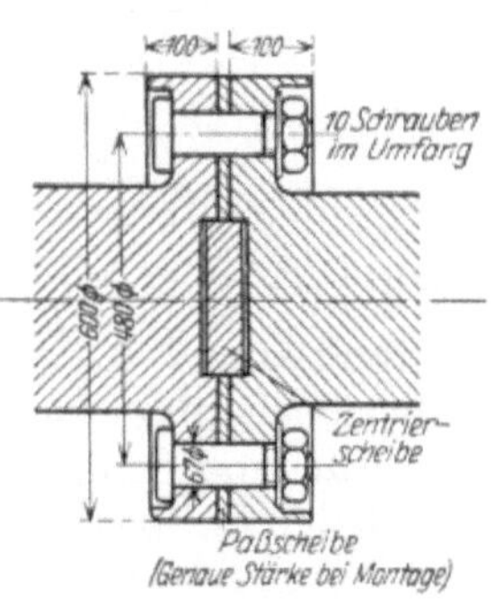

Abb. 98.
Starre Kupplung mit angeschmiedet. Flansch (AEG).

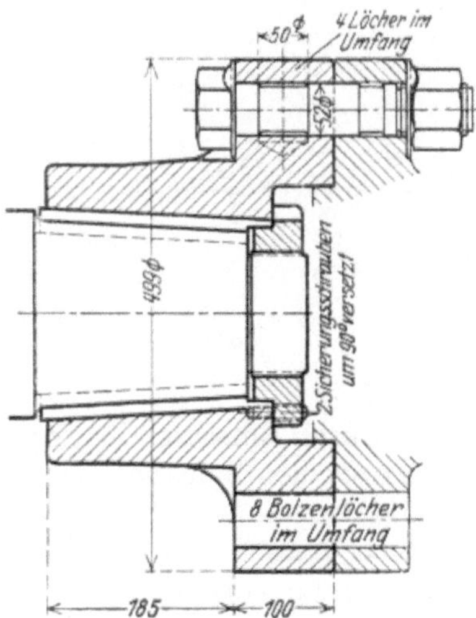

Abb. 99. Aufgesetzter Kupplungsflansch (Escher Wyss & Cie.).

Übertragung des Drehmomentes als starr anzusehen ist, aber doch genügend Bewegungsfreiheit besitzt, um kleine Verschiebungen der beiden Wellen infolge ungleicher Erwärmung oder geringer Unterschiede in den Lagerhöhen auszugleichen. Der Zahnkranz am Außenrand der Kupplung ist zum Eingriff einer Wellenschaltvorrichtung bestimmt, um beim Anwärmen eine langsame Drehbewegung zu ermöglichen, so daß der Dampf sicher durch die ganze Turbine dringt, und auch bei Montage- oder Revisionsarbeiten die Einstellung zu erleichtern.

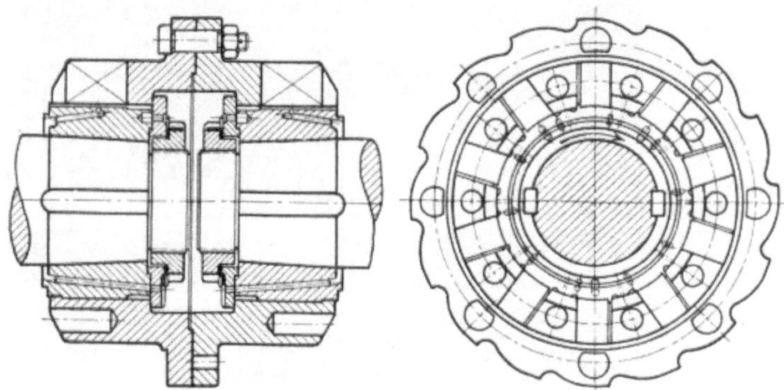

Abb. 100. Nachgiebige Kupplung (Brown, Boveri & Cie.).

V. Festigkeitsberechnung der Trommeln und Laufscheiben.

Bei der Festigkeitsberechnung werden die infolge des erzeugten Drehmomentes auftretenden Kräfte als unwesentlich stets außer acht gelassen, also nur die infolge der Umdrehung entstehenden oder durch die Herstellung bedingten Spannungen in Rechnung gesetzt.

A. Trommeln.

Bei den Trommeln ist die Stärke im Verhältnis zu den Halbmessern (r_a = Außen- r_i = Innen-, r_0 = Schwerpunktshalbmesser) so gering, daß mit einer gleichmäßigen Verteilung der entstehenden Kräfte, d. h. also mit gleicher Spannung über den Querschnitt der Trommel gerechnet werden kann. Die Trommel wird zunächst durch die Fliehkraft der Schaufeln beansprucht, durch die eine radiale Spannung entsteht. Bei Schaufeln von gleichmäßigem Querschnitt beträgt die Fliehkraft gemäß Gl. (6), S. 31:

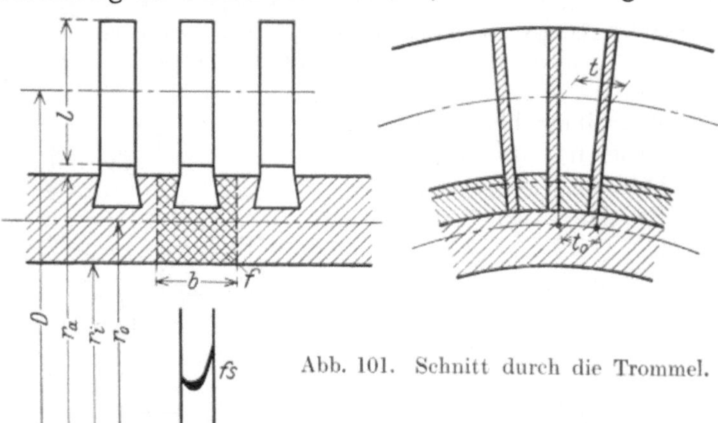

Abb. 101. Schnitt durch die Trommel.

$$C = \frac{\gamma_s}{g} f_s l' \frac{D}{2} \omega^2 ,$$

wobei durch Einsetzen einer vergrößerten Länge l' statt der freien Schaufellänge l die Fliehkraft der Befestigungsteile mit berücksichtigt ist. Die hierdurch entstehende radiale Spannung beträgt, wenn b die auf eine Schaufelreihe entfallende Trommelbreite bedeutet (Abb. 101), bezogen auf den Schwerpunktshalbmesser r_0 und die an dieser Stelle vorhandene Teilung t_0:

$$\sigma_{r s_1} = \frac{C}{b t_0} ; \quad t_0 = t \frac{2 r_0}{D} , \qquad \sigma_{r s_1} = \frac{\gamma_s}{g} f_s \frac{l'}{b t} \frac{D^2}{4 r_0} \omega^2 ,$$

mit $\omega = (\pi/30)n$ ist:

$$\sigma_{rs_1} = \frac{\pi^2}{900} \frac{\gamma_s}{g} f_s \frac{l'}{b t} \frac{D^2}{4 r_0} n^2 . \tag{1}$$

Die Werte $(\pi^2/900)(\gamma_s/g)$ finden sich auf S. 32.

In gleicher Weise ist σ_{rs_2} aus der Fliehkraft der Füllstücke zu berechnen und auf den Schwerpunktsradius r_0 zu beziehen. Im folgenden soll $\sigma_{rs} = \sigma_{rs_1} + \sigma_{rs_2}$ die Einwirkung der Füllstücke bereits enthalten.

Diese Spannung wirkt am Umfang verteilt. Gemäß Abb. 102 sind die Komponenten $\sigma_{rs} \sin\varphi$ bestrebt, die Trommel in zwei Querschnitten f zu zerreißen, und erzeugen hier eine Spannung σ_{ts}, die ihnen das Gleichgewicht hält. Über den halben Zylinder mit dem Halbmesser r_0 und der Breite b integriert ist:

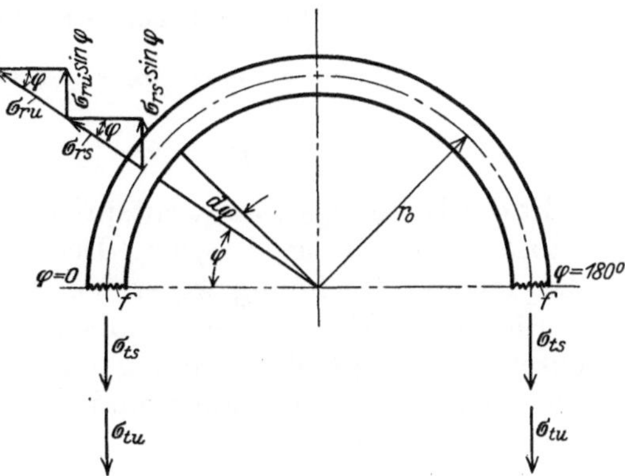

Abb. 102. Radial- und Tangentialspannung der Trommel.

$$\int_{\varphi=0^\circ}^{\varphi=180^\circ} \sigma_{rs} \sin\varphi \, b \, r_0 \, d\varphi = -\sigma_{rs} b \, r_0 \cos\varphi \Big|_{0^\circ}^{180^\circ} = 2\,\sigma_{rs} b \, r_0 .$$

Hieraus ergibt sich die tangentiale Spannung in den beiden Zerreißflächen:

$$\sigma_{ts} = \sigma_{rs} \frac{b\, r_0}{f} .$$

Bezeichnet man $\delta = f/b$ als „reduzierte Trommelstärke", d. h. als Trommelstärke unter Berücksichtigung der Nuten, so ist:

$$\sigma_{ts} = \sigma_{rs} \frac{r_0}{\delta} . \tag{2}$$

Hierzu kommt die Wirkung der Zentrifugalkraft des Trommelkörpers, dessen spezifisches Gewicht γ betragen soll. Das zu einer Schaufel gehörende Stück des Trommelkörpers von der Breite b, der Fläche f und der Länge im Umfang t_0 hat eine Zentrifugalkraft von:

$$C = \frac{\gamma}{g} f \, t_0 \, r_0 \, \omega^2 .$$

Verteilt auf die entsprechende Zylinderoberfläche $b\,t_0$, wird die Spannung:

$$\sigma_{ru} = \frac{\gamma}{g} \frac{f}{b} r_0 \, \omega^2 = \frac{\gamma}{g} \delta \, r_0 \, \omega^2 \tag{3}$$

Diese Spannung muß in der gleichen Weise über den halben Zylinder mit dem Halbmesser r_0 und der Breite b integriert werden, wie vorher die von den Schaufeln herrührende Radialspannung σ_{rs} und ergibt entsprechend:

$$\int_{\varphi=0^\circ}^{\varphi=180^\circ} \sigma_{ru} \sin\varphi \, b \, r_0 \, d\varphi = 2\,\sigma_{ru} b \, r_0 .$$

In den beiden Zerreißflächen ergibt sich dementsprechend die tangentiale Spannung:

$$\sigma_{tu} = \sigma_{ru} \frac{b}{f} r_0 = \frac{\gamma}{g} r_0^2 \omega^2 = \frac{\gamma}{g} u_0^2 . \tag{4}$$

Diese Spannung ist also ausschließlich von der Umfangsgeschwindigkeit u_0 im Schwerpunkt der Trommelfläche abhängig. Sie wird für Trommeln aus Flußstahl mit einem spezifischen Gewicht $\gamma = 8$ kg/dm³ und

$u_0 =$	20	40	60	80	100	120 m/sek,
$\sigma_{tu} =$	$\sim$32	130	290	520	810	1160 kg/cm².

Also, auch wenn von dem Einfluß der Schaufeln ganz abgesehen wird, erscheint eine Steigerung der Umfangsgeschwindigkeit im Schwerpunkt über 100 bis 120 m/sek nicht möglich.

Die Gesamtbeanspruchungen der Trommel ist nun tangential (im Umfang)

$$\sigma_{tTr} = \sigma_{ts} + \sigma_{tu} = \sigma_{rs}\frac{r_0}{\delta} + \frac{\gamma}{g} r_0^2 \omega^2 , \tag{5}$$

radial:

$$\sigma_{rTr} = \sigma_{rs} + \sigma_{ru} = \sigma_{rs} + \frac{\gamma}{g}\delta r_0 \omega^2 . \tag{5a}$$

Mit der Dehnungsziffer α entspricht jeder Spannung σ eine Dehnung $\alpha\sigma$ und eine Querzusammenziehung $(1/m)\alpha\sigma$. Der Wert m beträgt für geschmiedetes Material $\frac{10}{3}$; der bequemeren Rechnung wegen soll $1/m = \nu (= 0{,}3)$ gesetzt werden. Wirken, wie im vorliegenden Falle, zwei senkrecht aufeinanderstehende Spannungen σ_t und σ_r gleichzeitig, so wird die Dehnung infolge der einen um die Querzusammenziehung infolge der anderen vermindert, und es ergibt sich als resultierende Dehnung in Richtung des Umfanges:

$$\begin{aligned} \varepsilon_{Tr} &= \alpha(\sigma_{tTr} - \nu\,\sigma_{rTr}) \\ &= \alpha\left[\sigma_{rs}\frac{r_0}{\delta} + \frac{\gamma}{g} r_0^2\omega^2 - \nu\left(\sigma_{rs} + \frac{\gamma}{g}\delta r_0\omega^2\right)\right] \\ &= \alpha\left[\sigma_{rs}\left(\frac{r_0}{\delta} - \nu\right) + \frac{\gamma}{g} r_0^2\omega^2\left(1 - \nu\frac{\delta}{r_0}\right)\right]. \end{aligned} \tag{6}$$

Setzt man, was bei geringer Nutentiefe als genügend genau betrachtet werden kann, die reduzierte Trommelstärke δ gleich der wirklichen $(r_a - r_i)$, den Schwerpunktsradius: $r_0 = (r_a + r_i)/2$ und: $\omega = (\pi/30)n$, so wird

$$\varepsilon_{Tr} = \alpha\left[\sigma_{rs}\left(\frac{r_a + r_i}{2(r_a - r_i)} - \nu\right) + \frac{\pi^2}{900}\frac{\gamma}{g}\frac{(r_a + r_i)^2}{4} n^2\left(1 - \nu\frac{2(r_a - r_i)}{r_a + r_i}\right)\right]. \tag{6a}$$

Die Trommel weitet sich am Innenhalbmesser r_i um den Betrag: $\xi = \varepsilon_{Tr} r_i$, wenn sie mit der Umlaufzahl n umläuft, was bei der Konstruktion der Trommelbefestigung entsprechend zu berücksichtigen ist.

B. Radscheibe mit senkrecht zur Drehachse symmetrischer, beliebiger Form.

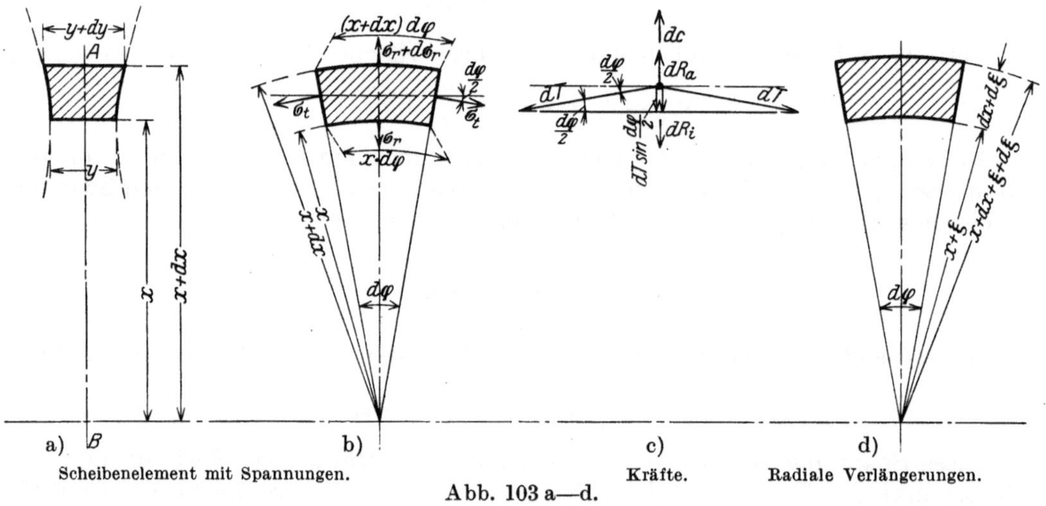

Scheibenelement mit Spannungen. Kräfte. Radiale Verlängerungen.

Abb. 103 a—d.

Eine gleichmäßige Verteilung der Spannungen kann bei den Radscheiben nur für ein Körperelement angenommen werden, wie es in Abb. 103a und b aus einer zur Achse AB symmetrischen Scheibe herausgeschnitten, dargestellt ist.

Der Rauminhalt dieses Körperelementes beträgt:

$$d\,V = y \cdot dx \cdot x\,d\varphi = y\,d\varphi\,x\,dx\,,$$

seine Masse:

$$dm = \frac{\gamma}{g}\,dV = \frac{\gamma}{g}\,y\,d\varphi\,x\,dx$$

und seine Zentrifugalkraft:

$$dC = dm\,x\,\omega^2 = \frac{\gamma}{g}\,\omega^2 y\,d\varphi\,x^2 dx\,.$$

Infolge der an dem Körperelement angreifenden Spannungen entstehen die Kräfte:

innere Radialkraft: $dR_i = y\,x\,d\varphi\,\sigma_r$,
äußere Radialkraft: $dR_a = (y + dy)\,(x + dx)\,d\varphi\,(\sigma_r + d\sigma_r)$,
Tangentialkraft $\left(\text{geneigt unter dem Winkel } \frac{d\varphi}{2}\right)$: $dT = y\,dx\,\sigma_t$.

Die Tangentialkraft hat eine nach innen gerichtete Komponente:

$$dT \sin\frac{d\varphi}{2} = dT\,\frac{d\varphi}{2}\,,$$

wenn für kleine Winkel der Bogen statt des Sinus gesetzt wird.

Nach außen wirken demnach die Kräfte: $dC + dR_a$, nach innen die Kräfte:

$$dR_i + 2\,dT\,\frac{d\varphi}{2} = dR_i + dT\,d\varphi$$

(vgl. Abb. 103c). Gleichgewicht ist vorhanden, wenn die Summe der nach außen wirkenden Kräfte gleich der Summe der nach innen wirkenden ist, d. h.:

$$dC + dR_a = dR_i + dT d\varphi\,;$$

durch Einsetzen der vorher gefundenen Werte wird:

$$\frac{\gamma}{g}\,\omega^2 y\,d\varphi\,x^2 dx + (y + dy)(x + dx)\,d\varphi\,(\sigma_r + d\sigma_r) = y\,x\,d\varphi\,\sigma_r + y\,dx\,\sigma_t\,d\varphi\,.$$

Division durch $d\varphi$ und Ausmultiplikation ergibt:

$$\frac{\gamma}{g}\,\omega^2 y x^2 dx + xy\sigma_r + x\,dy\,\sigma_r + y\,dx\,\sigma_r + dx\,dy\,\sigma_r + xy\,d\sigma_r + x\,dy\,d\sigma_r + y\,dx\,d\sigma_r$$
$$+ dx\,dy\,d\sigma_r = yx\sigma_r + y\,dx\,\sigma_t\,.$$

Unter Fortlassung der unendlich kleinen Größen zweiter und dritter Ordnung ist:

$$\frac{\gamma}{g}\,\omega^2 y x^2 dx + x\,dy\,\sigma_r + y\,\sigma_r dx + xy\,d\sigma_r = y\,dx\,\sigma_t \tag{1}$$

und

$$\frac{\gamma}{g}\,\omega^2 y x^2 + \frac{x}{dx}\,(\sigma_r dy + y\,d\sigma_r) + y\,(\sigma_r - \sigma_t) = 0\,. \tag{1a}$$

Die Gl. (1) kann auch in folgende Form gebracht werden:

$$\frac{\gamma}{g}\,\omega^2 y x^2 dx + \left(\frac{dy}{y} + \frac{dx}{x} + \frac{d\sigma_r}{\sigma_r}\right) xy\sigma_r = y\,dx\,\sigma_t$$

oder

$$\frac{\gamma}{g}\,\omega^2 y x^2 + \frac{d(xy\sigma_r)}{dx} - y\sigma_t = 0\,. \tag{2}$$

Aus dem Zusammenwirken der Spannungen σ_r und σ_t ergeben sich entsprechend der bei der Trommel bereits verwandten Beziehung die resultierenden Dehnungen:

in tangentialer Richtung (im Umfang):

$$\varepsilon_t = \alpha\,(\sigma_t - \nu\,\sigma_r)\,, \tag{3}$$

in radialer Richtung:

$$\varepsilon_r = \alpha\,(\sigma_r - \nu\,\sigma_t)\,, \tag{3a}$$

in axialer Richtung tritt nur eine Verkürzung durch die Spannungen σ_r und σ_t ein, da eine Spannung in axialer Richtung nicht vorhanden ist; die Dehnung wird daher negativ, und zwar: $\varepsilon_a = -\alpha\,\nu\,(\sigma_r + \sigma_t)\,.$

Aus den Dehnungen ergeben sich die Spannungen; es ist

$$\sigma_r = \frac{\varepsilon_r}{\alpha} + \nu\sigma_t; \qquad \sigma_t = \frac{\varepsilon_t}{\alpha} + \nu\sigma_r;$$

$$\sigma_r = \frac{\varepsilon_r}{\alpha} + \nu\left(\frac{\varepsilon_t}{\alpha} + \nu\sigma_r\right) = \frac{\varepsilon_r}{\alpha} + \nu\frac{\varepsilon_t}{\alpha} + \nu^2\sigma_r,$$

$$\sigma_r = \frac{1}{1-\nu^2}\frac{1}{\alpha}(\varepsilon_r + \nu\varepsilon_t) \quad \text{und} \quad \sigma_t = \frac{1}{1-\nu^2}\frac{1}{\alpha}(\varepsilon_t + \nu\varepsilon_r). \tag{4) und (4a}$$

Der Umfang des Zylinders mit dem Halbmesser x wächst in tangentialer Richtung von $2\pi x$ auf $2\pi(x+\xi)$; die Dehnung in tangentialer Richtung ist also

$$\varepsilon_t = \frac{2\pi(x+\xi) - 2\pi x}{2\pi x} = \frac{\xi}{x}. \tag{5}$$

Da die radiale Spannung außen um den Betrag $d\sigma_r$ größer ist als innen, wird auch die Vergrößerung des äußeren Umfanges und damit die Vergrößerung des äußeren Halbmessers $x + dx$ größer als die des inneren, und zwar um den Betrag $d\xi$. Die unter dem Einfluß der Drehbewegung entstehende Formänderung des Körperelementes ist in Abb. 103d dargestellt.

Die Strecke dx verlängert sich also auf $dx + d\xi$, und ihre Dehnung beträgt in radialer Richtung:

$$\varepsilon_r = \frac{dx + d\xi - dx}{dx} = \frac{d\xi}{dx}. \tag{5a}$$

Durch Einsetzen in die Gleichungen (4) und (4a) entsteht:

$$\sigma_r = \frac{1}{1-\nu^2}\frac{1}{\alpha}\left(\frac{d\xi}{dx} + \nu\frac{\xi}{x}\right) \quad \text{und} \quad \sigma_t = \frac{1}{1-\nu^2}\frac{1}{\alpha}\left(\frac{\xi}{x} + \nu\frac{d\xi}{dx}\right). \tag{6) und (6a}$$

Durch Differentiation der Gl. (6) ergibt sich:

$$d(\sigma_r) = \frac{1}{1-\nu^2}\frac{1}{\alpha}d\left(\frac{d\xi}{dx} + \nu\frac{\xi}{x}\right) = \frac{1}{1-\nu^2}\frac{1}{\alpha}\left(\frac{d^2\xi}{dx} + \nu\frac{d\xi}{x} - \nu\frac{\xi}{x^2}dx\right) \tag{7}$$

und durch Subtraktion der Gl. (6) und (6a):

$$\sigma_r - \sigma_t = \frac{1}{1-\nu^2}\left(\frac{d\xi}{dx} + \nu\frac{\xi}{x} - \frac{\xi}{x} - \nu\frac{d\xi}{dx}\right) = \frac{1-\nu}{1-\nu^2}\frac{1}{\alpha}\left(\frac{d\xi}{dx} - \frac{\xi}{x}\right). \tag{8}$$

Durch Einsetzen der Gl. (6), (7) und (8) in Gl. (1a) entsteht:

$$\frac{\gamma}{g}\omega^2 y x^2 + \frac{x}{dx}\left[\frac{1}{1-\nu^2}\frac{1}{\alpha}\left(\frac{d\xi}{dx} + \nu\frac{\xi}{x}\right)dy + y\frac{1}{1-\nu^2}\frac{1}{\alpha}\left(\frac{d^2\xi}{dx} + \nu\frac{d\xi}{x} - \nu\frac{\xi}{x^2}dx\right)\right]$$
$$+ y\frac{1-\nu}{1-\nu^2}\frac{1}{\alpha}\left(\frac{d\xi}{x} - \frac{\xi}{x}\right) = 0.$$

Multiplikation mit $\frac{(1-\nu^2)\alpha}{xy}$ und Auflösung der Klammern ergibt:

$$\frac{\gamma}{g}(1-\nu^2)\alpha\omega^2 x + \frac{d\xi}{dx}\frac{dy}{dx}\frac{1}{y} + \nu\frac{\xi}{x\,dx}\frac{dy}{y} + \frac{d^2\xi}{dx^2} + \nu\frac{d\xi}{x\,dx} - \nu\frac{\xi}{x^2} + \frac{d\xi}{x\,dx}$$
$$- \nu\frac{d\xi}{x\,dx} - \frac{\xi}{x^2} + \nu\frac{\xi}{x^2} = 0.$$

Es ist nun $\frac{dy}{y} = d\ln y$, so daß unter Fortfall der sich aufhebenden Glieder entsteht:

$$\frac{d^2\xi}{dx^2} + \frac{d\xi}{dx}\left(\frac{d\ln y}{dx} + \frac{1}{x}\right) + \xi\left(\nu\frac{d\ln y}{x\,dx} - \frac{1}{x^2}\right) + \frac{\gamma}{g}(1-\nu^2)\alpha\omega^2 x = 0. \tag{9}$$

Diese allgemeine Differentialgleichung muß durch Annahmen über die Abmessungen der Scheibe oder über den Verlauf der Spannungen integrierbar gemacht werden.

Zusammen mit den Gl. (6) und (6a) ermöglicht sie im Verein mit den Bedingungen, die sich für Spannungen oder Dehnungen am äußeren Rande der Scheibe (Radkranz) oder am inneren Rande (Nabe) ergeben, die Ermittlung der noch unbekannten Größen.

Vorgeschrieben ist entweder die Scheibenform, d. h. $y = f(x)$, wobei die einfachste Vorschrift $y =$ const, d. h. eine Scheibe gleicher Stärke ist, oder der Spannungsverlauf. Hierfür ist die einfachste Vorschrift $\sigma_r = \sigma_t = \text{const} = \sigma$. (Scheibe gleicher Festigkeit.)

Ist eine Spannung — entweder σ_r oder σ_t — vorgeschrieben, so ist aus Gl. (3) und (5):

$$\varepsilon_t = \frac{\xi}{x} = \alpha(\sigma_t - \nu\sigma_r); \qquad \xi = \alpha x(\sigma_t - \sigma_r).$$

Wird diese Gleichung differenziert, so entsteht:

$$d\xi = \alpha[x(d\sigma_t - \nu d\sigma_r) + (\sigma_t - \nu\sigma_r)dx].$$

Aus Gl. (3a) und (5a) ist aber:

$$\varepsilon_r = \frac{d\xi}{dx} = \alpha(\sigma_r - \nu\sigma_t); \quad d\xi = \alpha dx(\sigma_r - \nu\sigma_t).$$

Die Gleichsetzung ergibt:

$$x(d\sigma_t - \nu d\sigma_r) + (\sigma_t - \nu\sigma_r)dx = dx(\sigma_r - \nu\sigma_t),$$

$$\frac{d\sigma_t - \nu d\sigma_r}{dx} = \frac{\sigma_r - \nu\sigma_t - \sigma_t + \nu\sigma_r}{x} = (1+\nu)\frac{\sigma_r - \sigma_t}{x}. \tag{10}$$

Dieser Gleichung entsprechend ist mit einer der beiden Spannungen stets auch die andere gegeben.

C. Scheibe gleicher Stärke.

a) Spannungsgleichungen.

Bei einer Scheibe gleicher Stärke ist $y =$ const, mithin auch $\ln y =$ const und $d\ln y = 0$. Die Gl. (9) (Abschnitt B) geht in die Form über:

$$\frac{d^2\xi}{dx^2} + \frac{d\xi}{x\,dx} - \frac{\xi}{x^2} + \frac{\gamma}{g}(1-\nu^2)\alpha\omega^2 x = 0. \tag{1}$$

Zur Integration führt folgende Überlegung: es ist

$$d(\xi x) = x\,d\xi + \xi\,dx,$$

$$\frac{d(\xi x)}{x\,dx} = \frac{d\xi}{dx} + \frac{\xi}{x},$$

$$d\left[\frac{d(\xi x)}{x\,dx}\right] = \frac{d^2\xi}{dx} + \frac{d\xi}{x} - \frac{\xi}{x^2}dx,$$

$$\frac{1}{dx}d\left[\frac{d(\xi x)}{x\,dx}\right] = \frac{d^2\xi}{dx^2} + \frac{d\xi}{x\,dx} - \frac{\xi}{x^2}.$$

Gl. (1) kann mithin auch geschrieben werden:

$$\frac{1}{dx}d\left[\frac{d(\xi x)}{x\,dx}\right] + \frac{\gamma}{g}(1-\nu^2)\alpha\omega^2 x = 0.$$

Die Integration ergibt zunächst:

$$\int\frac{d(\xi x)}{x\,dx} = -\frac{\gamma}{g}(1-\nu^2)\alpha\omega^2\int x\,dx + c_1$$

oder:

$$\frac{d(\xi x)}{x\,dx} = -\frac{1}{2}\frac{\gamma}{g}(1-\nu^2)\alpha\omega^2 x^2 + c_1,$$

worin der Wert der Integrationskonstanten c_1 sich aus den weiteren Bedingungen ergibt.

Die weitere Integration führt zu:

$$\int d(\xi x) = \int -\left[\frac{1}{2}\frac{\gamma}{g}(1-\nu^2)\,\alpha\,\omega^2 x^2 + c_1\right] x\,dx + c_2$$
$$= -\frac{1}{2}\frac{\gamma}{g}(1-\nu^2)\,\alpha\,\omega^2 \int x^3\,dx - c_1 \int x\,dx + c_2,$$
$$\xi x = -\frac{1}{8}\frac{\gamma}{g}(1-\nu^2)\,\alpha\,\omega^2 x^4 - \frac{c_1}{2}x^2 + c_2,$$
$$\xi = -\frac{1}{8}\frac{\gamma}{g}(1-\nu^2)\,\alpha\,\omega^2 x^3 - \frac{c_1}{2}x + \frac{c_2}{x}. \tag{2}$$

Die Differentiation ergibt dann:

$$d\xi = -\frac{3}{8}\frac{\gamma}{g}(1-\nu^2)\,\alpha\,\omega^2 x^2\,dx - \frac{c_1}{2}dx - \frac{c_2}{x^2}dx$$

und

$$\frac{d\xi}{dx} = -\frac{3}{8}\frac{\gamma}{g}(1-\nu^2)\,\alpha\,\omega^2 x^2 - \frac{c_1}{2} - \frac{c_2}{x^2}. \tag{3}$$

Durch Einsetzen in die Gl. (6) und (6a) (Abschnitt B) ergeben sich die Spannungen:

$$\sigma_r = \frac{1}{1-\nu^2}\frac{1}{\alpha}\left[-\frac{3}{8}\frac{\gamma}{g}(1-\nu^2)\,\alpha\,\omega^2 x^2 - \frac{c_1}{2} - \frac{c_2}{x^2}\right.$$
$$\left. - \nu\frac{1}{8}\frac{\gamma}{g}(1-\nu^2)\,\alpha\,\omega^2 x^2 - \nu\frac{c_1}{2} + \nu\frac{c_2}{x^2}\right]$$
$$= \frac{1}{1-\nu^2}\frac{1}{\alpha}\left[-\frac{3+\nu}{8}\frac{\gamma}{g}(1-\nu^2)\,\alpha\,\omega^2 x^2 - \frac{1+\nu}{2}c_1 - (1-\nu)\frac{c_2}{x^2}\right]$$
$$= \frac{1}{\alpha}\left[-\frac{3+\nu}{8}\frac{\gamma}{g}\alpha\,\omega^2 x^2 - \frac{1}{2(1-\nu)}c_1 - \frac{1}{1+\nu}\frac{c_2}{x^2}\right]$$
$$= -\frac{1}{\alpha}\left[\frac{1}{2(1-\nu)}c_1 + \frac{1}{1+\nu}\frac{c_2}{x^2}\right] - \frac{3+\nu}{8}\frac{\gamma}{g}\omega^2 x^2 \tag{4}$$

und

$$\sigma_t = \frac{1}{1-\nu^2}\frac{1}{\alpha}\left[-\frac{1}{8}\frac{\gamma}{g}(1-\nu^2)\,\alpha\,\omega^2 x^2 - \frac{c_1}{2} + \frac{c_2}{x^2}\right.$$
$$\left. - \nu\frac{3}{8}\frac{\gamma}{g}(1-\nu^2)\,\alpha\,\omega^2 x^2 - \nu\frac{c_1}{2} - \nu\frac{c_2}{x^2}\right]$$
$$= \frac{1}{1-\nu^2}\frac{1}{\alpha}\left[-\frac{1+3\nu}{8}\frac{\gamma}{g}(1-\nu^2)\,\alpha\,\omega^2 x^2 - \frac{1+\nu}{2}c_1 + (1-\nu)\frac{c_2}{x^2}\right]$$
$$= \frac{1}{\alpha}\left[-\frac{1+3\nu}{8}\frac{\gamma}{g}\alpha\,\omega^2 x^2 - \frac{1}{2(1-\nu)}c_1 + \frac{1}{1+\nu}\frac{c_2}{x^2}\right]$$
$$= -\frac{1}{\alpha}\left[\frac{1}{2(1-\nu)}c_1 - \frac{1}{1+\nu}\frac{c_2}{x^2}\right] - \frac{1+3\nu}{8}\frac{\gamma}{g}\omega^2 x^2. \tag{4a}$$

b) Frei umlaufende Scheibe mit innerer Bohrung.

Die Scheibe vom Durchmesser $2\,r_a$ soll zunächst von äußeren Kräften nicht angegriffen werden und eine Bohrung vom Durchmesser $2\,r_i$ besitzen. Hieraus folgt, daß an den Rändern der Scheibe die Spannungen σ_{r_a} und $\sigma_{r_i} = 0$ sind. Diese Festsetzung ermöglicht die Bestimmung der Integrationskonstanten c_1 und c_2.

Es folgt aus Gl. (4) mit $x = r_a$ bzw. r_i:

am Außenrand: $$\sigma_{r_a} = -\frac{1}{\alpha}\left[\frac{1}{2(1-\nu)}c_1 + \frac{1}{1+\nu}\frac{c_2}{r_a^2}\right] - \frac{3+\nu}{8}\frac{\gamma}{g}\omega^2 r_a^2 = 0,$$

am Innenrand: $$\sigma_{r_i} = -\frac{1}{\alpha}\left[\frac{1}{2(1-\nu)}c_1 + \frac{1}{1+\nu}\frac{c_2}{r_i^2}\right] - \frac{3+\nu}{8}\frac{\gamma}{g}\omega^2 r_i^2 = 0.$$

Subtraktion der ersten Gleichung von der zweiten gibt:

$$\frac{1}{\alpha}\frac{1}{1+\nu}c_2\left(\frac{1}{r_a^2}-\frac{1}{r_i^2}\right)+\frac{3+\nu}{8}\frac{\gamma}{g}\omega^2(r_a^2-r_i^2)=0,$$

$$\frac{1}{\alpha}\frac{1}{1+\nu}c_2\frac{r_i^2-r_a^2}{r_a^2 r_i^2}+\frac{3+\nu}{8}\frac{\gamma}{g}\omega^2(r_a^2-r_i^2)=0,$$

$$\frac{1}{\alpha}\frac{1}{1+\nu}c_2\frac{r_a^2-r_i^2}{r_a^2 r_i^2}=\frac{3+\nu}{8}\frac{\gamma}{g}\omega^2(r_a^2-r_i^2)$$

und die Integrationskonstante:

$$c_2=\alpha\frac{(3+\nu)(1+\nu)}{8}\frac{\gamma}{g}\omega^2 r_a^2 r_i^2. \tag{5}$$

Durch Einsetzung in die Gleichung für σ_{r_a} ergibt sich:

$$-\frac{1}{\alpha}\left[\frac{1}{2(1-\nu)}c_1+\frac{1}{1+\nu}\alpha\frac{(3+\nu)(1+\nu)}{8}\frac{\gamma}{g}\omega^2\frac{r_a^2 r_i^2}{r_a^2}\right]-\frac{3+\nu}{8}\frac{\gamma}{g}\omega^2 r_a^2=0,$$

$$-\frac{1}{\alpha}\frac{1}{2(1-\nu)}c_1-\frac{3+\nu}{8}\frac{\gamma}{g}\omega^2 r_i^2-\frac{3+\nu}{8}\frac{\gamma}{g}\omega^2 r_a^2=0,$$

$$-\frac{1}{\alpha}\frac{1}{2(1-\nu)}c_1=\frac{3+\nu}{8}\frac{\gamma}{g}\omega^2(r_a^2+r_i^2)$$

und die Integrationskonstante:

$$c_1=-\alpha\frac{(3+\nu)(1-\nu)}{4}\frac{\gamma}{g}\omega^2(r_a^2+r_i^2). \tag{5a}$$

Durch Einsetzen der Integrationskonstanten in die Gl. (4) und (4a) wird nun:

$$\sigma_r=\frac{1}{\alpha}\left[\frac{1}{2(1-\nu)}\alpha\frac{(3+\nu)(1-\nu)}{4}\frac{\gamma}{g}\omega^2(r_a^2+r_i^2)-\frac{1}{1+\nu}\alpha\frac{(3+\nu)(1+\nu)}{8}\frac{\gamma}{g}\omega^2\frac{r_a^2 r_i^2}{x^2}\right]$$
$$-\frac{3+\nu}{8}\frac{\gamma}{g}\omega^2 x^2$$

$$=\frac{3+\nu}{8}\frac{\gamma}{g}\omega^2\left(r_a^2+r_i^2-\frac{r_a^2 r_i^2}{x^2}-x^2\right) \tag{6}$$

und

$$\sigma_t=\frac{1}{\alpha}\left[\frac{1}{2(1-\nu)}\alpha\frac{(3+\nu)(1-\nu)}{4}\frac{\gamma}{g}\omega^2(r_a^2+r_i^2)+\frac{1}{1+\nu}\alpha\frac{(3+\nu)(1+\nu)}{8}\frac{\gamma}{g}\omega^2\frac{r_a^2 r_i^2}{x^2}\right]$$
$$-\frac{1+3\nu}{8}\frac{\gamma}{g}\omega^2 x^2$$

$$=\frac{3+\nu}{8}\frac{\gamma}{g}\omega^2\left(r_a^2+r_i^2+\frac{r_a^2 r_i^2}{x^2}-\frac{1+3\nu}{3+\nu}x^2\right). \tag{6a}$$

Durch Einsetzen von $x=r_a$ erhält man am Außenrand der Scheibe:

$$\sigma_{ta}=\frac{1}{4}\frac{\gamma}{g}\omega^2[(3+\nu)r_i^2+(1-\nu)r_a^2]. \tag{7}$$

Durch Einsetzen von $x=r_i$ ergibt sich am Innenrand:

$$\sigma_{ti}=\frac{1}{4}\frac{\gamma}{g}\omega^2[(3+\nu)r_a^2+(1-\nu)r_i^2]. \tag{7a}$$

σ_r ist entsprechend der Voraussetzung an beiden Rändern $=0$, hat aber dazwischen einen Maximalwert, der sich aus der Differentiation der Gl. (6) ergibt:

Es ist:

$$\frac{d\sigma_r}{dx}=\frac{3+\nu}{8}\frac{\gamma}{g}\omega^2\left(\frac{2r_a^2 r_i^2}{x^3}-2x\right)=0.$$

Hieraus ist:

$$2r_a^2 r_i^2=2x^4$$

und

$$x=\sqrt{r_a r_i}.$$

Durch Einsetzen dieses Wertes wird

$$\sigma_{r\max} = \frac{3+\nu}{8} \frac{\gamma}{g} \omega^2 (r_a - r_i)^2 .$$

Setzt man den Innenhalbmesser durch $r_i = \beta r_a$ in ein bestimmtes Verhältnis, zum Außenhalbmesser r_a und ebenso den beliebigen Halbmesser $x = \varkappa r_a$, so wird

$$\sigma_r = \frac{3+\nu}{8} \frac{\gamma}{g} \omega^2 r_a^2 \left[1 + \beta^2 - \left(\frac{\beta}{\varkappa}\right)^2 - \varkappa^2\right]$$

$$= k_1 \cdot \frac{\gamma}{g} \omega^2 \cdot r_a^2 \tag{8}$$

und

$$\sigma_t = \frac{3+\nu}{8} \frac{\gamma}{g} \omega^2 r_a^2 \left[1 + \beta^2 + \left(\frac{\beta}{\varkappa}\right)^2 - \left(\frac{1+3\nu}{3+\nu}\right)\varkappa^2\right]$$

$$= k_2 \cdot \frac{\gamma}{g} \omega^2 \cdot r_a^2 . \tag{8a}$$

Für verschiedene Werte von β und $\varkappa$ können die Größen k_1 und k_2 den in Abb. 104a dargestellten Kurven entnommen werden. Hierin sind wieder einzusetzen γ in kg/cm³, $g = 981$ cm/sek² und r_a in cm. Für Flußstahl und Nickelstahl wird mit $\gamma = 8 \cdot 10^{-3}$ und $\omega = \frac{\pi n}{30}$:

$$\frac{\gamma}{g} \omega^2 r_a^2 = 8{,}94 \cdot 10^{-8} n^2 r_a^2 .$$

Wird r_a in m eingesetzt, ist mit $100^2 = 10^4$ zu multiplizieren, so daß wird:

$$\sigma_r = k_1 \cdot 8{,}94 \cdot 10^{-4} n^2 r_a^2$$

und

$$\sigma_t = k_2 \cdot 8{,}94 \cdot 10^{-4} n^2 r_a^2 .$$

Wird r_i als vorhanden, aber so klein angenommen, daß $r_i = 0$ gesetzt werden kann, so wird

$$\sigma_{ti} = \frac{3+\nu}{4} \frac{\gamma}{g} \omega^2 r_a^2 . \tag{7b}$$

Wird dagegen die Bohrung als nicht vorhanden angenommen, so folgt mit $r_i = 0$ aus Gl. (5a) und (5):

$$c_1 = -\alpha \frac{(3+\nu)(1-\nu)}{4} \frac{\gamma}{g} \omega^2 r_a^2$$

und

$$c_2 = 0 .$$

In den Spannungsformeln Gl. (4) und (4a) kommt die Integrationskonstante in der Form c_2/x^2, also für $x = r_i = 0$ in der unbestimmten Form $c_2/x^2 = 0/0$ vor; der wahre Wert bestimmt sich dadurch, daß im inneren Teil der ungebohrten Scheibe nur e i n e

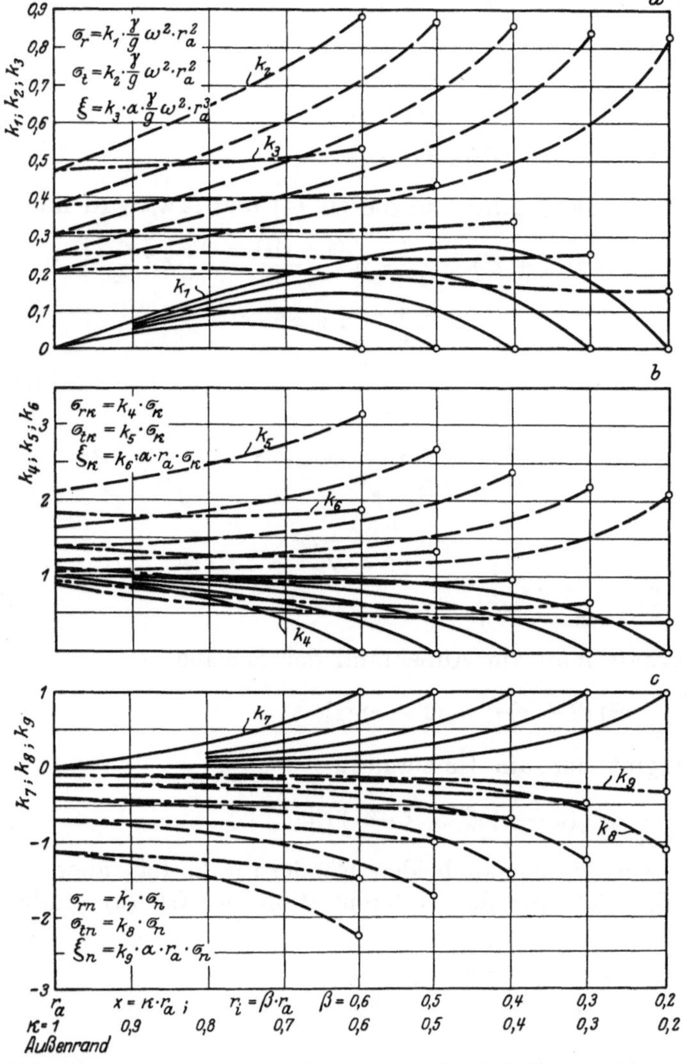

Abb. 104. Spannungen und Dehnungen der Scheiben gleicher Stärke.
a) Einfluß der Rotation, b) Einfluß des Kranzes, c) Einfluß der Nabe.

Spannung vorhanden sein kann, also $\sigma_r = \sigma_t$ sein muß. Hiermit ist aus Gl. (4) und (4a)

$$-\frac{1}{2(1-\nu)} c_1 - \frac{1}{1+\nu}\frac{c_2}{x^2} = -\frac{1}{2(1-\nu)} c_1 + \frac{1}{1+\nu}\frac{c_2}{x^2},$$

woraus folgt, daß $c_2/x^2 = -c_2/x^2$ sein muß, was nur für $c_2/x^2 = 0$ möglich ist.

Eingesetzt in die Gl. (4) und (4a) ergibt sich:

$$\sigma_{ri} = \sigma_{ti} = \frac{1}{\alpha}\frac{1}{2(1-\nu)}\alpha\frac{(3+\nu)(1-\nu)}{4}\frac{\gamma}{g}\omega^2 r_a^2$$

$$= \frac{3+\nu}{8}\frac{\gamma}{g}\omega^2 r_a^2; \tag{7c}$$

Die Spannung wird also rechnerisch halb so groß, wenn keine Bohrung vorhanden ist, als wenn eine Bohrung mit dem Durchmesser $2r_i = 0$ angenommen wird, ein Umstand, der zeigt, daß eine Bohrung die Spannung stets auf mindestens das Doppelte steigern kann.

Gemäß Gl. (2) ist die radiale Ausweitung unter Einsetzung der Werte für c_1 und c_2 gemäß Gl. (5a) und (5)

$$\xi = \frac{\alpha}{8}\frac{\gamma}{g}\omega^2\left[(3+\nu)(1-\nu)(r_a^2+r_i^2)x + (3+\nu)(1+\nu)\frac{r_a^2 r_i^2}{x} - (1-\nu^2)x^3\right]. \tag{9}$$

Am Außenrand ist mit $x = r_a$

$$\xi_a = \frac{\alpha}{4}\frac{\gamma}{g}\omega^2 r_a[(3+\nu)r_i^2 + (1-\nu)r_a^2] \tag{10}$$

und am Innenrand mit $x = r_i$

$$\xi_i = \frac{\alpha}{4}\frac{\gamma}{g}\omega^2 r_i[(3+\nu)r_a^2 + (1-\nu)r_i^2]. \tag{10a}$$

Setzt man auch hier: $r_i = \beta r_a$ und $x = \varkappa r_a$, so geht Gl. (9) in die Form über:

$$\xi = \frac{\alpha}{8}\frac{\gamma}{g}\omega^2 r_a^3\left[(3+\nu)(1-\nu)(1+\beta^2)\varkappa + (3+\nu)(1+\nu)\frac{\beta^2}{\varkappa} - (1-\nu^2)\varkappa^3\right]$$

$$= k_3\cdot\alpha\cdot\frac{\gamma}{g}\omega^2\cdot r_a^3. \tag{11}$$

Die jeweilige Größe von k_3 kann ebenfalls den Kurven der Abb. 104a entnommen werden.

Wird auch hier für Flußstahl und Nickelstahl $\gamma = 8\cdot 10^{-3}\text{kg/cm}^3$ und $\omega = (\pi/30)n$ gesetzt, ferner $\alpha = \frac{1}{2\,200\,000}$ und r_a^3 statt in cm^3 in m^3 eingesetzt, so wird

$$\xi = k_3\cdot 4{,}064\cdot 10^{-8} n^2 r_a^3.$$

c) Der Einfluß radialer Randspannungen.

Als Turbinenlaufrad ist die Scheibe gleicher Stärke an den Rändern nicht spannungsfrei, sondern durch eine radiale Zugspannung σ_k am Außenrand, die durch die Schaufeln und die Wirkung des Schaufelkranzes hervorgerufen wird, und eine radiale Zugspannung σ_n am Innenrand, die von der Nabe herrührt, beansprucht.

Die Größen der von diesen vorgeschriebenen Randspannungen erzeugten radialen Spannungen σ_{rk} und σ_{rn}, sowie der tangentialen Spannungen σ_{tk} und σ_{tn} werden gefunden, wenn in den Gl. (4) und (4a) die Umlaufzahl und damit das letzte Glied $= 0$ gesetzt werden, da die vorgeschriebenen Spannungen von n unabhängig sind.

Wird zunächst nur die vorgeschriebene Zugspannung σ_k als vorhanden betrachtet, so ist hiernach:

$$\sigma_{rk} = -\frac{1}{\alpha}\left[\frac{1}{2(1-\nu)}c_1 + \frac{1}{1+\nu}\frac{c_2}{x^2}\right]; \tag{12}$$

$$\sigma_{tk} = -\frac{1}{\alpha}\left[\frac{1}{2(1-\nu)}c_1 - \frac{1}{1+\nu}\frac{c_2}{x^2}\right]. \tag{12a}$$

Aus der Randbedingung ergeben sich die Integrationskonstanten; es ist am Außenrand:

$$\sigma_k = -\frac{1}{\alpha}\left[\frac{1}{2(1-\nu)}c_1 + \frac{1}{1+\nu}\frac{c_2}{r_a^2}\right].$$

Die Spannung am Innenrand ist:

$$0 = -\frac{1}{\alpha}\left[\frac{1}{2(1-\nu)}c_1 + \frac{1}{1+\nu}\frac{c_2}{r_i^2}\right].$$

Subtraktion ergibt:

$$\sigma_k = \frac{1}{\alpha}\frac{1}{1+\nu}\left(\frac{c_2}{r_i^2} - \frac{c_2}{r_a^2}\right) = \frac{1}{\alpha}\frac{1}{1+\nu}\frac{r_a^2 - r_i^2}{r_a^2 r_i^2}c_2$$

und

$$c_2 = \alpha(1+\nu)\frac{r_a^2 r_i^2}{r_a^2 - r_i^2}\sigma_k. \tag{13}$$

Durch Einsetzen entsteht:

$$0 = -\frac{1}{\alpha}\left[\frac{1}{2(1-\nu)}c_1 + \alpha\frac{r_a^2}{r_a^2 - r_i^2}\sigma_k\right]$$

und

$$c_1 = -2\alpha(1-\nu)\frac{r_a^2}{r_a^2 - r_i^2}\sigma_k. \tag{13a}$$

Durch Einsetzen in die Gl. (12) und (12a) wird:

$$\sigma_{rk} = \left(\frac{r_a^2}{r_a^2 - r_i^2} - \frac{r_a^2 r_i^2}{r_a^2 - r_i^2}\frac{1}{x^2}\right)\sigma_k = \sigma_k\frac{r_a^2}{r_a^2 - r_i^2}\left(1 - \frac{r_i^2}{x^2}\right) \tag{14}$$

und

$$\sigma_{tk} = \left(\frac{r_a^2}{r_a^2 - r_i^2} + \frac{r_a^2 r_i^2}{r_a^2 - r_i^2}\frac{1}{x^2}\right)\sigma_k = \sigma_k\frac{r_a^2}{r_a^2 - r_i^2}\left(1 + \frac{r_i^2}{x^2}\right). \tag{14a}$$

Am Außenrand ist mit $x = r_a$:

$$\sigma_{rka} = \sigma_k; \quad \sigma_{tka} = \sigma_k\frac{r_a^2 + r_i^2}{r_a^2 - r_i^2}; \tag{15}$$

am Innenrand ist mit $x = r_i$:

$$\sigma_{rki} = 0; \quad \sigma_{tki} = 2\sigma_k\frac{r_a^2}{r_a^2 - r_i^2}. \tag{15a}$$

Durch Einführen der Verhältniszahlen $r_i = \beta r_a$ und $x = \varkappa r_a$ wird:

$$\sigma_{rk} = \sigma_k\frac{1}{1-\beta^2}\left[1 - \left(\frac{\beta}{\varkappa}\right)^2\right] = k_4 \cdot \sigma_k \tag{16}$$

und

$$\sigma_{tk} = \sigma_k\frac{1}{1-\beta^2}\left[1 + \left(\frac{\beta}{\varkappa}\right)^2\right] = k_5 \cdot \sigma_k. \tag{16a}$$

Die Werte k_4 und k_5 sind in Abb. 104b aufgetragen. Die Verlängerung in radialer Richtung ergibt sich, wenn in Gl. (2) ebenfalls $\omega = 0$ gesetzt wird, zu:

$$\xi_k = -\frac{c_1}{2}x + \frac{c_2}{x} = \alpha(1-\nu)\frac{r_a^2}{r_a^2 - r_i^2}\sigma_k x + \alpha(1+\nu)\frac{r_a^2 r_i^2}{r_a^2 - r_i^2}\frac{\sigma_k}{x}$$

$$= \alpha\frac{r_a^2}{r_a^2 - r_i^2}\sigma_k\left[(1-\nu)x + (1+\nu)\frac{r_i^2}{x}\right]. \tag{17}$$

Am Außenrand ist mit $x = r_a$:

$$\xi_{ka} = \alpha\frac{r_a}{r_a^2 - r_i^2}\sigma_k[(1-\nu)r_a^2 + (1+\nu)r_i^2]; \tag{18}$$

am Innenrand ist mit $x = r_i$:

$$\xi_{ki} = 2\alpha\frac{r_a^2 r_i}{r_a^2 - r_i^2}\sigma_k. \tag{18a}$$

Durch Einführung der Verhältniszahlen geht Gl. (17) in die Form über

$$\xi_k = \alpha r_a \sigma_k\frac{1}{1-\beta^2}\left[(1-\nu)\varkappa + (1+\nu)\frac{\beta^2}{\varkappa}\right] = k_6 \cdot \alpha \cdot r_a \cdot \sigma_k. \tag{19}$$

Ist nur die am Innenrand wirkende, von der Nabe herrührende Spannung σ_n vorhanden, so ist entsprechend:

$$\sigma_{rn} = -\frac{1}{\alpha}\left[\frac{1}{2(1-\nu)}c_1 + \frac{1}{1+\nu}\frac{c_2}{x^2}\right]$$

und

$$\sigma_{tn} = -\frac{1}{\alpha}\left[\frac{1}{2(1-\nu)}c_1 - \frac{1}{1+\nu}\frac{c_2}{x^2}\right].$$

Infolge der Randbedingung ist am Außenrand:

$$0 = -\frac{1}{\alpha}\left[\frac{1}{2(1-\nu)}c_1 + \frac{1}{1+\nu}\frac{c_2}{r_a^2}\right]$$

und am Innenrand

$$\sigma_n = -\frac{1}{\alpha}\left[\frac{1}{2(1-\nu)}c_1 + \frac{1}{1+\nu}\frac{c_2}{r_i^2}\right];$$

die Subtraktion der ersten dieser Gleichungen von der zweiten ergibt:

$$\sigma_n = \frac{1}{\alpha}\frac{1}{1+\nu}\left(\frac{c_2}{r_a^2} - \frac{c_2}{r_i^2}\right) = \frac{1}{\alpha}\frac{1}{1+\nu}c_2\frac{r_i^2 - r_a^2}{r_a^2 r_i^2}$$

und

$$c_2 = -\alpha(1+\nu)\frac{r_a^2 r_i^2}{r_a^2 - r_i^2}\sigma_n; \tag{20}$$

eingesetzt wird dann:

$$0 = -\frac{1}{\alpha}\left[\frac{1}{2(1-\nu)}c_1 - \alpha\frac{r_i^2}{r_a^2 - r_i^2}\sigma_n\right]$$

und

$$c_1 = 2\alpha(1-\nu)\frac{r_i^2}{r_a^2 - r_i^2}\sigma_n. \tag{20a}$$

Durch Einsetzen in die Spannungsgleichungen (4) und (4a) wird

$$\sigma_{rn} = -\left(\frac{r_i^2}{r_a^2 - r_i^2} - \frac{r_a^2 r_i^2}{r_a^2 - r_i^2}\frac{1}{x^2}\right)\sigma_n = -\sigma_n\frac{r_i^2}{r_a^2 - r_i^2}\left(1 - \frac{r_a^2}{x^2}\right) \tag{21}$$

und

$$\sigma_{tn} = -\left(\frac{r_i^2}{r_a^2 - r_i^2} + \frac{r_a^2 r_i^2}{r_a^2 - r_i^2}\frac{1}{x^2}\right)\sigma_n = -\sigma_n\frac{r_i^2}{r_a^2 - r_i^2}\left(1 + \frac{r_a^2}{x^2}\right). \tag{21a}$$

Am Außenrand ist mit $x = r_a$:

$$\sigma_{rna} = 0; \qquad \sigma_{tna} = -2\sigma_n\frac{r_i^2}{r_a^2 - r_i^2}; \tag{22}$$

am Innenrand mit $x = r_i$:

$$\sigma_{rni} = \sigma_n; \qquad \sigma_{tni} = -\sigma_n\frac{r_a^2 + r_i^2}{r_a^2 - r_i^2}. \tag{22a}$$

Durch Einführung der Werte β und $\varkappa$ entsteht:

$$\sigma_{rn} = -\sigma_n\frac{\beta^2}{1-\beta^2}\left(1 - \frac{1}{\varkappa^2}\right) = \sigma_n\frac{\beta^2}{1-\beta^2}\left(\frac{1}{\varkappa^2} - 1\right) = k_7\cdot\sigma_n. \tag{23}$$

(Da $\varkappa$ stets < 1 ist, ist $1/\varkappa^2 > 1$, der Wert k_7 ist daher positiv.)

$$\sigma_{tn} = -\sigma_n\frac{\beta^2}{1-\beta^2}\left(1 + \frac{1}{\varkappa^2}\right) = k_8\cdot\sigma_n; \tag{23a}$$

k_8 ist negativ.

Die radiale Verlängerung ergibt sich entsprechend Gl. (2):

$$\xi_n = -\frac{c_1}{2}x + \frac{c_2}{x} = -\alpha x(1-\nu)\frac{r_i^2}{r_a^2 - r_i^2}\sigma_n - \alpha(1+\nu)\frac{r_a^2 r_i^2}{r_a^2 - r_i^2}\frac{\sigma_n}{x}$$

$$= -\alpha\frac{r_i^2}{r_a^2 - r_i^2}\sigma_n\left[(1-\nu)x + (1+\nu)\frac{r_a^2}{x}\right]. \tag{24}$$

Am Außenrand wird:

$$\xi_{na} = -2\alpha\sigma_n\frac{r_a r_i^2}{r_a^2 - r_i^2}; \tag{25}$$

am Innenrand:

$$\xi_{ni} = -\alpha\frac{r_i}{r_a^2 - r_i^2}\sigma_n[(1-\nu)r_i^2 + (1+\nu)r_a^2]. \tag{25a}$$

Durch Einführung der Verhältniszahlen entsteht:

$$\xi_n = -\alpha \frac{\beta^2}{1-\beta^2} \sigma_n r_a \left[(1-\nu)\varkappa + (1+\nu)\frac{1}{\varkappa}\right] = k_9 \cdot \alpha \cdot r_a \cdot \sigma_n . \tag{26}$$

Auch k_9 ist negativ; die Spannung σ_n ist als Zugspannung, also mit positivem Vorzeichen, einzuführen, wenn sie nach innen gerichtet ist, da in Abb. 103b die nach innen gerichtete Spannung σ_r als positiv gerechnet ist. Eine solche nach innen gerichtete Spannung vergrößert die radiale Spannung, verkleinert aber die tangentiale Spannung und die Ausweitung. Dieser Fall ist bei starken Naben die Regel, da die Spannungen (und entsprechend die Ausweitung) in der schwachen Scheibe größer sind als in der starken Nabe, die Nabe also auf die Scheibe einen Zug nach innen bewirkt. Eine nach außen gerichtete, also eine Druckspannung ist aber in der Nabenbohrung vorhanden, die demnach bei der Berechnung der Nabe als Scheibe gleicher Stärke mit negativem Vorzeichen einzuführen ist, die radiale Spannung verkleinert, die tangentiale und die Ausweitung dagegen vergrößert (Abb. 105).

Diese infolge der Randspannungen entstehenden Spannungen und Formänderungen kommen zu den durch die Rotation entstehenden hinzu, wie sie im vorhergehenden Abschnitt entwickelt sind.

Es wird demnach am Außenrand unter Addition der Gl. (7), (15), (22) bzw. (10), (18), (25):

$$\sum(\sigma_{ra}) = \sigma_k$$

$$\sum(\sigma_{ta}) = \sigma_{ta} + \sigma_{tka} + \sigma_{tna}$$

$$= \frac{1}{4}\frac{\gamma}{g}\omega^2\left[(3+\nu)r_i^2 + (1-\nu)r_a^2\right] + \sigma_k \frac{r_a^2 + r_i^2}{r_a^2 - r_i^2} - 2\sigma_n \frac{r_i^2}{r_a^2 - r_i^2}, \tag{27}$$

$$\sum(\xi_a) = \xi_a + \xi_{ka} + \xi_{na}$$

$$= \alpha r_a \left\{\frac{1}{4}\frac{\gamma}{g}\omega^2\left[(3+\nu)r_i^2 + (1-\nu)r_a^2\right]\right.$$

$$\left. + \frac{1}{r_a^2 - r_i^2}\sigma_k\left[(1-\nu)r_a^2 + (1+\nu)r_i^2\right] - 2\sigma_n \frac{r_i^2}{r_a^2 - r_i^2}\right\}. \tag{28}$$

Am Innenrand ist, entsprechend Gl. (7a), (15a), (22a) bzw. (10a), (18a), (25a):

$$\sum(\sigma_{ri}) = \sigma_n$$

$$\sum(\sigma_{ti}) = \sigma_{ti} + \sigma_{tki} + \sigma_{tni}$$

$$= \frac{1}{4}\frac{\gamma}{g}\omega^2\left[(3+\nu)r_a^2 + (1-\nu)r_i^2\right] + 2\sigma_k \frac{r_a^2}{r_a^2 - r_i^2} - \sigma_n \frac{r_a^2 + r_i^2}{r_a^2 - r_i^2}, \tag{27a}$$

$$\sum(\xi_i) = \xi_i + \xi_{ki} + \xi_{ni}$$

$$= \alpha r_i \left\{\frac{1}{4}\frac{\gamma}{g}\omega^2\left[(3+\nu)r_a^2 + (1-\nu)r_i^2\right]\right.$$

$$\left. + 2\sigma_k \frac{r_a^2}{r_a^2 - r_i^2} - \frac{1}{r_a^2 - r_i^2}\sigma_n\left[(1-\nu)r_i^2 + (1+\nu)r_a^2\right]\right\}. \tag{28a}$$

d) Anschluß des Kranzes und der Nabe.

Die am Kranz wirkenden Spannungen sind zunächst die gleichen wie an der Trommel. Hinzu kommt aber, da der Kranz mit der Scheibe an der in Abb. 105 mit A bezeichneten Stelle zusammenhängt, eine nach innen gerichtete radiale Zugspannung σ_k, die der an der Scheibe angreifenden gleich und entgegengesetzt gerichtet ist.

Da σ_k am Kranz nur über die Stärke y angreift und sich dann über die größere Breite des Kranzes b_k verteilt, wirkt auf den Kranz die radiale Spannung $\sigma_k(y/b_k)$.

Sie muß in der auf S. 43 für die von der Schaufel herrührende Spannung σ_{rs} entwickelten Art über den Halbzylinder mit dem Halbmesser r_a und der Breite b_k integriert werden und ergibt eine tangentiale Spannung

$$\sigma'_{tk} = \sigma_k \frac{y}{b_k} \frac{b_k r_a}{f_k},$$

oder wenn auch hier die reduzierte Kranzstärke $\delta_k = f_k/b_k$ gesetzt wird:

$$\sigma'_{tk} = \sigma_k \frac{y}{b_k} \frac{r_a}{\delta_k}. \qquad (29)$$

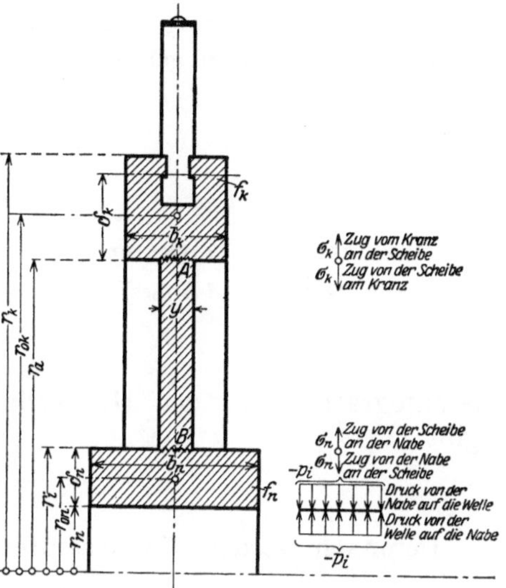

Abb. 105. Scheibe gleicher Stärke mit Kranz und Nabe.

Hierzu kommen die aus der Zentrifugalkraft des Kranzes und der Schaufeln herrührenden Spannungen gemäß Gl. (1) bis (4) (Abschnitt A) mit entsprechend Abb. 105 geänderten Bezeichnungen, so daß die Gesamtspannungen im Kranz werden:

$$\sigma_{rKr} = \sigma_{rs} + \sigma_{ru} - \sigma_k \frac{y}{b_k} = \sigma_{rs} + \frac{\gamma}{g} \delta_k r_{0k} \omega^2 - \sigma_k \frac{y}{b_k} \qquad (30)$$

und

$$\sigma_{tKr} = \sigma_{ts} + \sigma_{tu} - \sigma'_{tk} = \sigma_{rs} \frac{r_{0k}}{\delta_k} + \frac{\gamma}{g} r_{0k}^2 \omega^2 - \sigma_k \frac{y}{b_k} \frac{r_a}{\delta_k}. \qquad (30\,a)$$

Die radiale Verlängerung an der Innenseite des Kranzes (an der in Abb. 105 mit A bezeichneten Stelle) ist:

$$\begin{aligned} \xi_A &= \alpha r_a (\sigma_{tKr} - \nu \sigma_{rKr}) \\ &= \alpha r_a \left[\sigma_{rs}\left(\frac{r_{0k}}{\delta_k} - \nu\right) + \frac{\gamma}{g} r_{0k} \omega^2 (r_{0k} - \nu \delta_k) - \sigma_k \frac{y}{b_k}\left(\frac{r_a}{\delta_k} - \nu\right)\right]. \qquad (31) \end{aligned}$$

Da diese Stelle sowohl zum Kranz wie zur Scheibe gehört, muß an beiden die radiale Ausweitung gleich sein, d. h. $\xi_A = \sum(\xi_a)$ gemäß Gl. (31) und (28). Hieraus folgt:

$$\left.\begin{aligned} &\sigma_{rs}\left(\frac{r_{0k}}{\delta_k} - \nu\right) + \frac{\gamma}{g} r_{0k} \omega^2 (r_{0k} - \nu \delta_k) - \sigma_k \frac{y}{b_k}\left(\frac{r_a}{\delta_k} - \nu\right) \\ &= \frac{1}{4} \frac{\gamma}{g} \omega^2 [(3+\nu) r_i^2 + (1-\nu) r_a^2] + \frac{1}{r_a^2 - r_i^2} \sigma_k [(1-\nu) r_a^2 + (1+\nu) r_i^2] \\ &\qquad - 2 \sigma_n \frac{r_i^2}{r_a^2 - r_i^2}. \end{aligned}\right\} \qquad (32)$$

Da nur gering beanspruchte Turbinenlaufscheiben als Scheiben gleicher Stärke ausgeführt werden können, genügt auch für die Nabe die Annahme gleicher Verteilung der Spannungen über den Querschnitt, wobei (entgegen Abb. 105) die Montagespannung p_i, die im Betriebe noch etwa 50 kg/cm² betragen soll, mit positivem Vorzeichen einzuführen ist. Diese wirkt an dem Zylinder mit dem Wellenhalbmesser r_n und verteilt sich auf den Zylinder mit dem Schwerpunktshalbmesser r_{0n} als

$$\sigma_{rp} = p_i \frac{r_n}{r_{0n}}.$$

Diese Spannung ist zu integrieren über den Halbzylinder mit dem Halbmesser r_{0n} und ergibt die tangentiale Spannung in der Nabe:

$$\sigma_{tp} = \sigma_{rp} \frac{r_{0n}}{\delta_n} = p_i \frac{r_n}{\delta_n}. \qquad (33)$$

Die Zentrifugalkraft des Nabenkörpers ergibt entsprechend Gl. (3) und (4) (Abschnitt A) mit den geänderten Bezeichnungen:

$$\sigma_{ru} = \frac{\gamma}{g}\,\delta_n r_{0n}\,\omega^2,$$

$$\sigma_{tu} = \frac{\gamma}{g}\,r_{0n}^2\,\omega^2.$$

Hinzu tritt die Wirkung von σ_n am Außenhalbmesser der Nabe (= Innenhalbmesser der Scheibe) r_i; σ_n verteilt sich auf die größere Nabenbreite als

$$\sigma'_{rn} = \sigma_n \frac{y}{b_n}.$$

Die Integration über den Halbzylinder mit dem Halbmesser r_i und der Breite b_n ergibt:

$$\sigma'_{tn} = \sigma_n \frac{y}{b_n}\,\frac{b_n r_i}{f_n} = \sigma_n \frac{y}{b_n}\,\frac{r_i}{\delta_n}.$$

Demnach werden die Gesamtspannungen in der Nabe:

$$\sigma_{rNb} = \sigma_{rp} + \sigma_{ru} + \sigma'_{rn} = p_i \frac{r_n}{r_{0n}} + \frac{\gamma}{g}\,\delta_n r_{0n}\,\omega^2 + \sigma_n \frac{y}{b_n} \tag{34}$$

und

$$\sigma_{tNb} = \sigma_{tp} + \sigma_{tu} + \sigma'_{tn} = p_i \frac{r_n}{\delta_n} + \frac{\gamma}{g}\,r_{0n}^2\,\omega^2 + \sigma_n \frac{y}{b_n}\,\frac{r_i}{\delta_n}. \tag{34a}$$

Die radiale Verlängerung der Nabe an der Stelle B infolge der auftretenden tangentialen und radialen Spannungen ist:

$$\left.\begin{aligned}\xi_B &= \alpha\, r_i\,(\sigma_{tNb} - \nu\,\sigma_{rNb})\\ &= \alpha\, r_i\left[p_i r_n\left(\frac{1}{\delta_n} - \nu\frac{1}{r_{0n}}\right) + \frac{\gamma}{g}\,r_{0n}\,\omega^2\,(r_{0n} - \nu\,\delta_n) + \sigma_n \frac{y}{b_n}\left(\frac{r_i}{\delta_n} - \nu\right)\right].\end{aligned}\right\} \tag{35}$$

Auch hier ist, da die Ausweitung des Punktes B an der Nabe und an der Scheibe gleich sein muß, $\xi_B = \sum(\xi_i)$ zu setzen, woraus wird:

$$\left.\begin{aligned}&p_i r_n\left(\frac{1}{\delta_n} - \nu\frac{1}{r_{0n}}\right) + \frac{\gamma}{g}\,r_{0n}\,\omega^2\,(r_{0n} - \nu\,\delta_n) + \sigma_n \frac{y}{b_n}\left(\frac{r_i}{\delta_n} - \nu\right)\\ &= \frac{1}{4}\,\frac{\gamma}{g}\,\omega^2[(3+\nu)\,r_a^2 + (1-\nu)\,r_i^2] + 2\,\sigma_k \frac{r_a^2}{r_a^2 - r_i^2} - \frac{1}{r_a^2 - r_i^2}\,\sigma_n\,[(1-\nu)\,r_i^2 + (1+\nu)\,r_a^2].\end{aligned}\right\} \tag{36}$$

Da die Abmessungen der Schaufeln, des Kranzes und der Nabe aus konstruktiven Gründen festgelegt werden, bleiben in den Gl. (32) und (35) als Unbekannte: σ_k, σ_n und y.

Die Materialanstrengung wird am größten an der Stelle B in tangentialer Richtung, d. h. $\sum(\sigma_{ti})$ ist maßgebend. Für Siemens-Martin-Flußstahl wird als höchste zulässige Spannung 1500 kg/cm², für Nickelstahl 2500 kg/cm² gewählt werden können, so daß als dritte Gleichung die Gl. (27a) zur Verfügung steht.

D. Scheibe gleicher Festigkeit.

a) Form der Scheibe.

Die Bedingung für die Scheibe gleicher Festigkeit ist: $\sigma_r = \sigma_t = \sigma = \text{const}$, damit wird: $d\sigma_r = 0$ und Gl. (1a) (Abschnitt B) erhält die Form:

$$\frac{\gamma}{g}\,\omega^2\,y\,x^2 + \frac{x}{dx}\,\sigma\,dy = 0$$

oder

$$\frac{dy}{y} = -\frac{\gamma}{g}\,\frac{\omega^2}{\sigma}\,x\,dx.$$

Die Integration ergibt:

$$\ln y = -\frac{\gamma}{g}\frac{\omega^2}{2\sigma}x^2 + c,$$

woraus folgt:

$$y = e^{c - \frac{\gamma}{g}\frac{\omega^2}{2\sigma}x^2} = C \cdot e^{-\frac{\gamma}{g}\frac{\omega^2}{2\sigma}x^2}$$

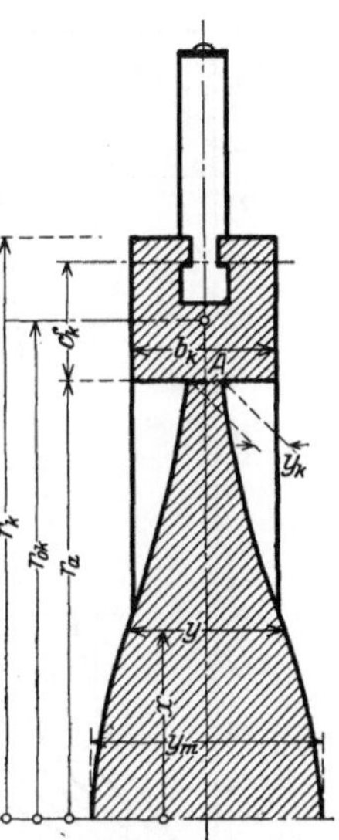

Abb. 106. Scheibe gleicher Festigkeit ohne Bohrung.

Ist an einer bestimmten Stelle die Stärke der Scheibe vorgeschrieben, z. B. am Kranz (Stelle A in Abb. 106) am Halbmesser $x = r_a$ mit dem Wert y_k, so gilt hierfür:

$$y_k = C\, e^{-\frac{\gamma}{g}\frac{\omega^2}{2\sigma}r_a^2}.$$

Es ergibt sich die Konstante mit:

$$C = y_k \cdot e^{\frac{\gamma}{g}\frac{\omega^2}{2\sigma}r_a^2},$$

so daß folgt:

$$y = y_k \cdot e^{\frac{\gamma}{g}\frac{\omega^2}{2\sigma}\left(r_a^2 - x^2\right)}. \tag{1}$$

Ist die Scheibe ohne Bohrung ausgeführt, so ist in der Mitte $x = 0$ und die Stärke:

$$y_m = y_k \cdot e^{\frac{\gamma}{g}\frac{\omega^2}{2\sigma}\cdot r_a^2}. \tag{1a}$$

Unter Einführung von $\omega = (\pi/30)\,n$ und $x = \varkappa r_a$ wird der Exponent der Gl. (1)

$$\frac{\gamma}{2g}\frac{\pi^2}{900}\frac{n^2 r_a^2}{\sigma}(1 - \varkappa^2).$$

Hierin sind sämtliche Längen in cm einzusetzen; das spezifische Gewicht des für die Radscheiben verwendeten Baustoffes (Flußstahl und Nickelstahl) kann mit $8 \cdot 10^{-3}$ kg/cm³ eingesetzt werden. Es ergibt sich dann der Exponent mit:

$$4{,}47 \cdot 10^{-8}\frac{n^2 r_a^2}{\sigma}(1 - \varkappa^2),$$

wobei r_a in cm einzusetzen ist. Setzt man ein: $\zeta = (n^2 r_a^2)/\sigma$, wobei r_a in m eingesetzt sein soll — ein Wert, der aus den Konstruktionsangaben leicht zu bilden ist —, so ist der Exponent mit 100^2 zu multiplizieren. Bestimmten Werten von ζ entsprechen bestimmte Exponenten, und zwar

$\zeta =$	$2 \cdot 10^3$	$4 \cdot 10^3$	$6 \cdot 10^3$	$8 \cdot 10^3$	10^4	$1{,}2 \cdot 10^4$
Exponent	$0{,}894\,(1 - \varkappa^2)$	$1{,}79\,(1 - \varkappa^2)$	$2{,}68\,(1 - \varkappa^2)$	$3{,}58\,(1 - \varkappa^2)$	$4{,}47\,(1 - \varkappa^2)$	$5{,}36\,(1 - \varkappa^2)$.

Unter Verwendung dieser Exponenten entsteht die Kurventafel Abb. 107, aus der die Form der Scheibe sich aus:

$$y = k \cdot y_k \tag{2}$$

ergibt.

Die Umfangsgeschwindigkeit am Umfang der Scheibe (Stelle A) ist:

$$u_a = \frac{\pi}{30} n\, r_a = \frac{\pi}{30}\sqrt{\sigma}\sqrt{\zeta},$$

so daß durch ζ und σ die Umfangsgeschwindigkeit u_a festgelegt ist; die Beziehung zwischen u_a, ζ und σ ist in Abb. 108 dargestellt.

Wie aus Abb. 107 ersichtlich, wird die Scheibe bei großen Werten von ζ in der Mitte außerordentlich breit. Die bei der Ableitung gemachte Voraussetzung, daß die Spannung sich über die Breite des Scheibenelementes (Abb. 103a) gleichmäßig verteilt, trifft dann nicht mehr zu. Die Stärke in der Mitte wird über etwa 0,25 bis 0,3 r_a nicht hinausgehen können; dementsprechend kann auch mit dem Wert ζ kaum

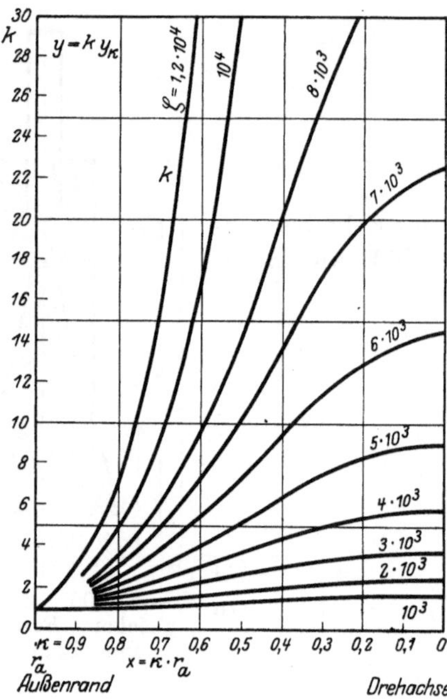

Abb. 107. Form der Scheiben gleicher Festigkeit.

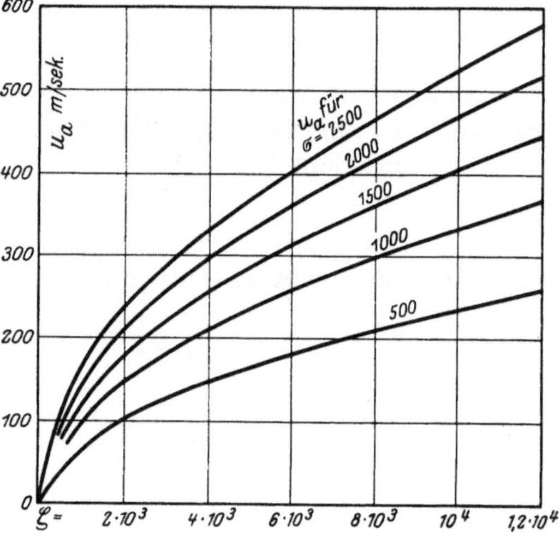

Abb. 108. Umfangsgeschwindigkeit am Außenrand der Scheiben gleicher Festigkeit.

über $7 \cdot 10^3$, entsprechend $u_a = \infty 430$ m/sek bei $\sigma = 2500$ kg/cm² (Nickelstahl) hinausgegangen werden.

b) Anschluß des Kranzes und der Nabe.

Die Spannungs- und Dehnungsverhältnisse am Kranz sind die gleichen wie an der Scheibe gleicher Stärke, wenn y_k statt y und σ statt σ_k gesetzt wird. Damit ist auch die Verlängerung am Außenrand der Scheibe entsprechend Gl. (31, Abschnitt C c)

$$\xi_A = \alpha r_a \left[\sigma_{rs}\left(\frac{r_{0k}}{\delta_k} - \nu\right) + \frac{\gamma}{g} r_{0k}\, \omega^2 (r_{0k} - \nu \delta_k) - \sigma \frac{y_k}{b_k}\left(\frac{r_a}{\delta_k} - \nu\right)\right]. \tag{3}$$

Die Gesamtverlängerung an der Scheibe (Stelle A) ist aber, da $\sigma_k = \sigma_t = \sigma$ ist,

$$\varsigma_A = \alpha r_a (\sigma_t - \nu \sigma_r) = \alpha r_a (1 - \nu)\, \sigma. \tag{4}$$

Die Gleichsetzung der Gl. (3) und (4) ergibt:

$$(1 - \nu)\,\sigma = \sigma_{rs}\left(\frac{r_{0k}}{\delta_k} - \nu\right) + \frac{\gamma}{g} r_{0k}\, \omega^2 (r_{0k} - \nu \delta_k) - \sigma \frac{y_k}{b_k}\left(\frac{r_a}{\delta_k} - \nu\right).$$

Wird diese Gleichung nach y_k aufgelöst, so ergibt sich:

$$y_k = \frac{b_k}{\sigma} \frac{1}{\frac{r_a}{\delta_k} - \nu}\left[\sigma_{rs}\left(\frac{r_{0k}}{\delta_k} - \nu\right) + \frac{\gamma}{g} r_{0k}\, \omega^2 (r_{0k} - \nu \delta_k) - (1 - \nu)\,\sigma\right]$$

$$= \frac{b_k}{\sigma}\left[\frac{r_{0k} - \nu \delta_k}{r_a - \nu \delta_k}\left(\sigma_{rs} + \frac{\gamma}{g} r_{0k}\, \omega^2 \delta_k\right) - \frac{(1 - \nu)\,\delta_k}{r_a - \nu \delta_k}\,\sigma\right]. \tag{5}$$

Der Wert $\nu\,\delta_k$ ist sowohl im Vergleich zu r_{0k} als auch zu r_a meist sehr klein, so daß die Gleichung auch in der Form verwendet werden kann:

$$y_k = \frac{b_k}{r_a\,\sigma}\left[r_{0k}\left(\sigma_{rs} + \frac{\gamma}{g} r_{0k}\, \omega^2 \delta_k\right) - (1 - \nu)\,\delta_k\,\sigma\right]. \tag{5a}$$

Unter Umständen wird nicht die Spannung σ, sondern die Stärke y_k vorgeschrieben sein. Aus Gründen der Herstellung, des Transportes u. dgl. wird man bei einem

Scheibendurchmesser von 1 m mit y_k nicht wesentlich unter 10 mm gehen können, bei 2 m Durchmesser wird $y_k \gtreqless 20$ mm und bei 3 m Durchmesser wird $y_k \gtreqless 30$ mm zu wählen sein. Die Gl. (5) ergibt dann:

$$\sigma = \frac{\sigma_{rs}\left(\frac{r_{0k}}{\delta_k} - \nu\right) + \frac{\gamma}{g} r_{0k}\,\omega^2 (r_{0k} - \nu\,\delta_k)}{(1-\nu) + \frac{y_k}{b_k}\left(\frac{r_a}{\delta_k} - \nu\right)} = \frac{\sigma_{rs}(r_{0k} - \nu\,\delta_k) + \frac{\gamma}{g}\delta_k r_{0k}\,\omega^2 (r_{0k} - \nu\,\delta_k)}{(1-\nu)\,\delta_k + \frac{y_k}{b_k}(r_a - \nu\,\delta_k)}. \tag{6}$$

Unter Einführung von $\nu\,\delta_k = \sim 0$ ist:

$$\sigma = \frac{\sigma_{rs}\, r_{0k} + \frac{\gamma}{g}\delta_k r_{0k}^2\,\omega^2}{(1-\nu)\,\delta_k + \frac{y_k}{b_k} r_a}. \tag{6a}$$

Endlich kann auch bei vorgeschriebenen Werten σ, y_k und b_k die zugehörige reduzierte Kranzstärke δ_k gesucht sein. Es ist dann aus Gl. (5a)

$$y_k r_a \sigma = b_k r_{0k} \sigma_{rs} + \frac{\gamma}{g} b_k r_{0k}^2 \omega^2 \delta_k - (1-\nu)\, b_k \delta_k \sigma.$$

Hieraus folgt:

$$\delta_k = \frac{\frac{y_k}{b_k} r_a \sigma - r_{0k}\sigma_{rs}}{\frac{\gamma}{g} r_{0k}^2\,\omega^2 - (1-\nu)\,\sigma}. \tag{7}$$

Wenn die Nabe verhältnismäßig schwach gegenüber dem Durchmesser ist, kann auch bei ihr eine gleichmäßige Verteilung der Spannungen über den Querschnitt angenommen werden. Es ist dann nach Gl. (4) und (35, Abschnitt C d) unter Änderung der Bezeichnungen entsprechend Abb. 109 und Einsetzung von σ statt σ_n, sowie von y_n statt y:

$$\xi_B = \alpha\, r_i (1-\nu)\,\sigma$$

und

$$\xi_B = \alpha\, r_i \left[p_i r_n \left(\frac{1}{\delta_n} - \nu\frac{1}{r_{0n}}\right) + \frac{\gamma}{g} r_{0n}\,\omega^2 \left(r_{0n} - \nu\,\delta_n\right) + \sigma\frac{y_n}{b_n}\left(\frac{r_i}{\delta_n} - \nu\right)\right].$$

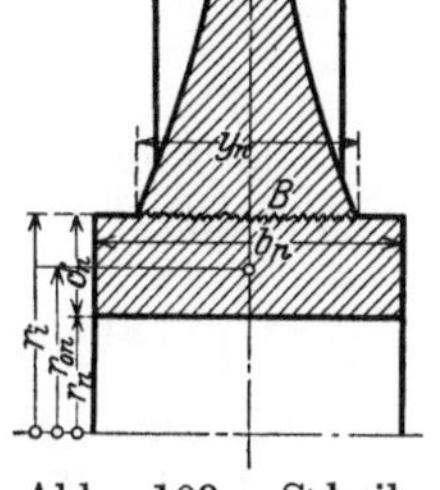

Abb. 109. Scheibe gleicher Festigkeit mit Nabe.

Aus der Gleichsetzung ergibt sich, da ja die Verlängerung an der Scheibe und an der Nabe gleich sein muß:

$$(1-\nu)\,\sigma = p_i r_n \left(\frac{1}{\delta_n} - \nu\frac{1}{r_{0n}}\right) + \frac{\gamma}{g} r_{0n}\,\omega^2 (r_{0n} - \nu\,\delta_n) + \sigma\frac{y_n}{b_n}\left(\frac{r_i}{\delta_n} - \nu\right).$$

Im allgemeinen wird r_n, r_{0n} und δ_n vorgeschrieben sein, so daß b_n so zu errechnen ist, daß die Spannung am Innenrand der Scheibe (Stelle B) gerade $\sigma_n = \sigma$ beträgt. Es ist dann

$$b_n = \frac{\sigma\, y_n\left(\frac{r_i}{\delta_n} - \nu\right)}{(1-\nu)\,\sigma - p_i r_n\left(\frac{1}{\delta_n} - \nu\frac{1}{r_{0n}}\right) - \frac{\gamma}{g} r_{0n}\,\omega^2 (r_{0n} - \nu\,\delta_n)}. \tag{8}$$

Bei starken Naben wird die Voraussetzung gleicher Verteilung der Spannungen nicht zutreffen. Die Nabe ist daher als Scheibe gleicher Stärke mit dem Außenhalbmesser r_i und dem Innenhalbmesser r_n zu bestimmen, die radiale Spannung σ_{rNba} am Außenrand ist vorläufig noch unbekannt, am Innenrand wirkt die von der Montagespannung herrührende Druckspannung $-p_i$. Die Ausweitung der Scheibe gleicher Festigkeit an der Stelle B ist: $\alpha\, r_i (1-\nu)\,\sigma$; die Ausweitung der Nabe setzt sich zusammen aus der Verlängerung infolge der Zentrifugalkraft gemäß Gl. (10, Abschn. C b), infolge der radialen Spannung am Außenrand entsprechend Gl. (18, Abschn. C c) und infolge der radialen Spannung am Innenrand entsprechend Gl. (25, Abschn. C c) mit entsprechend geänderten Bezeichnungen. Durch Gleichsetzung der Ausweitung der Scheibe und der Nabe an dieser Stelle ergibt sich unter Forthebung von $\alpha\, r_i$:

$$\left.\begin{aligned}(1-\nu)\,\sigma = \frac{1}{4}\frac{\gamma}{g}\,\omega^2\left[(3+\nu)\,r_n^2 + (1-\nu)\,r_i^2\right] + \frac{\sigma_{rNba}}{r_i^2 - r_n^2}\left[(1-\nu)\,r_i^2 + (1+\nu)\,r_n^2\right] \\ + 2\,p_i\,\frac{r_n^2}{r_i^2 - r_n^2}\,.\end{aligned}\right\} \quad (9)$$

Aus dieser Gleichung ergibt sich σ_{rNba}; diese Spannung verteilt sich an der Scheibe auf die kleinere Breite y_n, und da $\sigma\, y_n = \sigma_{rNba}\, b_n$ sein muß — wenigstens bei nicht zu großer Verschiedenheit von y_n und b_n —, ergibt sich die Breite der Nabe mit

$$b_n = \frac{\sigma}{\sigma_{rNba}}\, y_n\,. \quad (10)$$

Die größte Beanspruchung der Nabe ist die tangentiale Spannung am Innenrand, d. h. in der Bohrung; sie ergibt sich aus der Addition der Gl. (7a, Abschn. C b), (15a) und (22a, Abschn. Cc) mit entsprechend geänderten Bezeichnungen zu:

$$\sigma_{tNbi} = \frac{1}{4}\frac{\gamma}{g}\,\omega^2\left[(3+\nu)\,r_i^2 + (1-\nu)\,r_n^2\right] + 2\,\sigma_{rNba}\,\frac{r_i^2}{r_i^2 - r_n^2} + p_i\,\frac{r_i^2 + r_n^2}{r_i^2 - r_n^2}\,. \quad (11)$$

c) Beispiel.

Im Abschn. III C c ist eine Laufschaufelung errechnet und in Abb. 82 der zur Befestigung erforderliche Kranzquerschnitt angegeben. Dieser Kranzquerschnitt soll von einer Scheibe gleicher Festigkeit getragen werden. Aus den Kranzabmessungen ergibt sich der Kranzquerschnitt mit $f_k = 12{,}6$ cm², der Schwerpunkt liegt auf einem Halbmesser $r_{0k} = 57{,}5$ cm; die reduzierte Kranzstärke beträgt:

$$\delta_k = \frac{f_k}{b_k} = \frac{12{,}6}{4} = 3{,}15 \text{ cm}.$$

Die von den Laufschaufeln herrührende Spannung beträgt nach Gl. (1), S. 43, entsprechend den auf S. 33 und 34 verwendeten Abmessungen:

$$\sigma_{rs1} = 1 \cdot 10^{-7} \cdot 0{,}755 \cdot \frac{11{,}5}{4 \cdot 1{,}1} \cdot \frac{130^2}{4 \cdot 57{,}5} \cdot 3000^2 = 131 \text{ kg/cm}^2\,.$$

Wie aus Abb. 82 hervorgeht, liegt der Schwerpunkt der Füllstücke etwa 10 mm innerhalb des Kranzes, also auf einem Durchmesser von 118 cm ihre mittlere Teilung verkleinert sich im Verhältnis der Durchmesser gegen diejenige der Schaufeln auf $1{,}1 \cdot \frac{118}{130} = 1{,}0$ cm, an dieser Stelle beträgt die Fläche der Schaufel und des Füllstückes zusammen $1 \cdot 2 = 2$ cm², auf das Füllstück entfallen $2 - 0{,}755 = 1{,}245$ cm². Da die Gesamtlänge des Füllstückes 4 cm beträgt, so ergibt sich unter der Annahme, daß Füllstücke aus Messing Verwendung finden:

$$\sigma_{rs2} = 9{,}61 \cdot 10^{-8} \cdot 1{,}245 \cdot \frac{4}{4 \cdot 1} \cdot \frac{118^2}{4 \cdot 57{,}5} \cdot 3000^2 = 65 \text{ kg/cm}^2.$$

Die gesamte von den Schaufeln und Füllstücken herrührende radiale Spannung ist

$$\sigma_{rs} = \sigma_{rs1} + \sigma_{rs2} = 196 \text{ kg/cm}^2\,.$$

Die kleinste Stärke der Scheibe gleicher Festigkeit am Halbmesser $r_a = 55$ cm soll 1,4 cm betragen; für die Laufscheibe aus geschmiedetem Material ist:

$$\frac{\gamma}{g}\,\omega^2 = \frac{\pi^2}{900}\,\frac{\gamma}{g}\,n^2 = 8{,}94 \cdot 10^{-8} \cdot 3000^2 = 0{,}805^{1)}\,.$$

Es ergibt sich gemäß Gl. (6a) (S. 59) eine Spannung von

$$\sigma = \frac{196 \cdot 57{,}5 + 0{,}805 \cdot 3{,}15 \cdot 57{,}5^2}{0{,}7 \cdot 3{,}15 + \frac{1{,}4}{4} \cdot 55} = 920 \text{ kg/cm}^2.$$

[1]) Vgl. S. 32, 1. Zeile.

Die Spannungen im Kranz ergeben sich gemäß Gl. (30) und (30a) (S. 55) mit

$$\sigma_{rKr} = 196 + 0{,}805 \cdot 3{,}15 \cdot 57{,}5 - 920 \frac{1{,}4}{4} = 20 \text{ kg/cm}^2$$

und

$$\sigma_{tKr} = 196 \frac{57{,}5}{3{,}15} + 0{,}805 \cdot 57{,}5^2 - 920 \frac{1{,}4}{4} \cdot \frac{55}{3{,}15} = 610 \text{ kg/cm}^2.$$

Es wird der Bezugswert

$$\zeta = \frac{n^2 \cdot r_a^2 [m^2]}{\sigma} = \frac{3000^2 \cdot 0{,}55^2}{920} = 2{,}94 \cdot 10^3.$$

Die Abmessungen können aus Abb. 107 durch Interpolation gefunden werden. Rechnerisch ergibt sich der Exponent mit:

$$4{,}47 \cdot 10^{-8} \cdot 2{,}94 \cdot 10^3 \cdot (1 - \varkappa^2) \cdot 100^2 = 1{,}34 (1 - \varkappa^2).$$

Die entstehenden Werte zeigt folgende Zusammenstellung:

x	0,55 m (Außenrand)	0,5	0,45	0,4	0,35	0,30	0,25	0,20	0 (Achse)
$\varkappa = x/r_a$	1	0,909	0,818	0,727	0,636	0,545	0,454	0,363	0
$1 - \varkappa^2$	0	0,174	0,331	0,471	0,596	0,703	0,794	0,868	1
Exponent	0	0,234	0,446	0,632	0,799	0,943	1,063	1,165	1,34
k	1	1,263	1,562	1,881	2,223	2,567	2,895	3,206	3,819
y	$y_k = 1{,}4$	1,77	2,19	2,63	3,11	3,59	4,05	4,49	$y_m = 5{,}35$

Die Nabenbohrung soll 240 mm, der Außendurchmesser der Nabe 400 mm, die vorgeschriebene Montagespannung 50 kg/cm² betragen. Es ist also:

$$r_n = 12; \quad r_i = 20; \quad r_i^2 - r_n^2 = 256.$$

Durch Einsetzen in Gl. (9) wird

$$0{,}7 \cdot 920 = \frac{1}{4} \cdot 0{,}805 (3{,}3 \cdot 144 + 0{,}7 \cdot 400) + \frac{\sigma_{rNba}}{256} (0{,}7 \cdot 400 + 1{,}3 \cdot 144) + 2 \cdot 50 \cdot \frac{144}{256}$$

oder

$$643 = 152 + 1{,}83 \, \sigma_{rNba} + 56{,}3,$$

$$1{,}83 \, \sigma_{rNba} = 434{,}7; \qquad \sigma_{rNba} = 238 \text{ kg/cm}^2$$

und gemäß Gl. (10)

$$b_n = \frac{920}{238} \cdot 4{,}49 = 17{,}4 \text{ cm}.$$

Die größte Beanspruchung in der Bohrung beträgt nach Gl. (11), S. 60,

$$\sigma_{tNbi} = \frac{1}{4} \cdot 0{,}805 (3{,}3 \cdot 400 + 1{,}3 \cdot 144) + 2 \cdot 238 \frac{400}{256} + 50 \frac{400 + 144}{256}$$

$$= 286 + 743 + 106 = 1135 \text{ kg/cm}^2.$$

Die Rechnung nach Gl. (8) würde eine Nabenbreite von 22,4 cm ergeben. Die Form der Laufscheibe ist in Abb. 110 dargestellt.

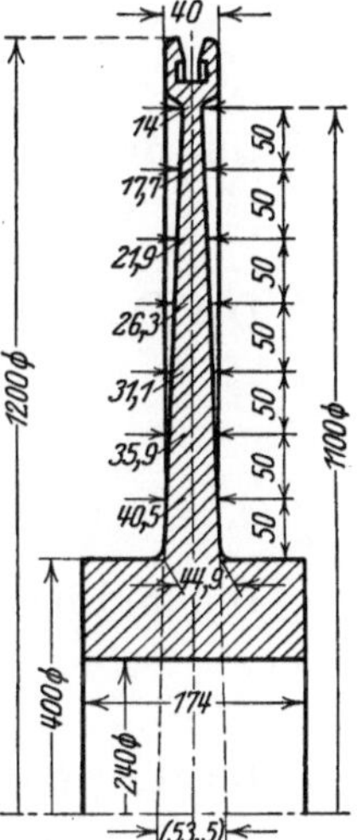

Abb. 110. Laufscheibe gleicher Festigkeit zur Laufschaufelung Abb. 82.

E. Scheibe mit hyperbelförmigem Profil.

a) Form und Spannungsgleichungen.

Die Scheibe gleicher Festigkeit ist unter Umständen ungeeignet, wenn die Stärke in der Drehachse zu groß wird. Die Scheibe kann auch so ausgebildet werden, daß ihr Profil einer Gleichung höherer Ordnung entspricht, die ebenfalls die Integrierung der allgemeinen Differentialgleichung (9) (Abschn. B) ermöglicht.

Die Gleichung $y = C \cdot x^a$ ergibt, wenn (1)

$a > 0$: eine Parabel, $a < 0$: eine Hyperbel.

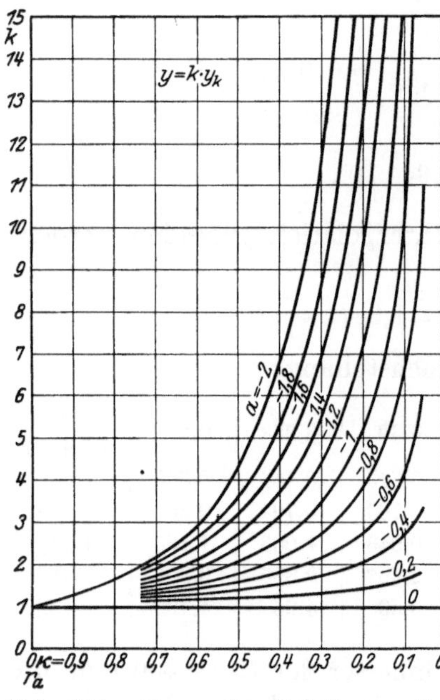

Abb. 111. Form der Scheiben mit hyperbelförmigem Profil.

Der Wert $a = 0$ ergibt eine Gerade, so daß die Scheibe gleicher Stärke als Sonderfall zu betrachten ist. Im allgemeinen wird $a < 0$, d. h. eine hyperbelförmige Begrenzung zu wählen sein, allerdings kann auch der Kranz als Scheibe mit $a > 0$, d. h. als parabelförmige Scheibe betrachtet werden. Es wird meist die kleinste Stärke am Kranz, d. h. $y_k = C \cdot r_a^a$ vorgeschrieben sein, woraus sich ergibt:

$$C = \frac{y_k}{r_a^a} \quad \text{und} \quad y = y_k \cdot \frac{x^a}{r_a^a}. \tag{1a}$$

Setzt man wieder an einer beliebigen Stelle der Scheibe $x = \varkappa\, r_a$, so wird

$$y = y_k \cdot \varkappa^a = k \cdot y_k; \tag{1b}$$

für verschiedene Werte von a ist der Beiwert k aus Abb. 111 zu entnehmen.

Aus Gl. (1) wird:

$$\ln y = \ln C + a \ln x$$

und

$$d \ln y = a \frac{dx}{x}; \quad \frac{d \ln y}{x\, dx} = \frac{a}{x^2}.$$

Gl. (9) (Abschn. B) ergibt

$$\frac{d^2 \xi}{d x^2} + \frac{d \xi}{d x}\left(\frac{a}{x} + \frac{1}{x}\right) + \xi\left(\nu \frac{a}{x^2} - \frac{1}{x^2}\right) + \frac{\gamma}{g}(1 - \nu^2)\, \alpha\, \omega^2 x = 0,$$

$$\frac{d^2 \xi}{d x^2} + \frac{a+1}{x} \frac{d \xi}{d x} + \frac{a \nu - 1}{x^2} \xi + \frac{\gamma}{g}(1 - \nu^2)\, \alpha\, \omega^2 x = 0. \tag{2}$$

Um das letzte Glied fortzuschaffen, wird gesetzt:

$$\xi = z - \frac{\gamma}{g} \frac{(1 - \nu^2)\, \alpha\, \omega^2}{8 + (3 + \nu)\, a} x^3. \tag{3}$$

Die Differentiation ergibt:

$$\frac{d \xi}{d x} = \frac{d z}{d x} - 3 \frac{\gamma}{g} \frac{(1 - \nu^2)\, \alpha\, \omega^2}{8 + (3 + \nu)\, a} x^2,$$

$$\frac{d^2 \xi}{d x^2} = \frac{d^2 z}{d x^2} - 6 \frac{\gamma}{g} \frac{(1 - \nu^2)\, \alpha\, \omega^2}{8 + (3 + \nu)\, a} x.$$

Durch Einsetzen dieser Werte geht Gl. (2) über in die Form:

$$\frac{d^2 z}{d x^2} + \frac{a+1}{x} \frac{d z}{d x} + \frac{a \nu - 1}{x^2} z = 0. \tag{4}$$

Die Integration gelingt durch den Ansatz:

$$z = c\, x^{\psi}. \tag{5}$$

Es ist dann:

$$\frac{d z}{d x} = c\, \psi\, x^{\psi - 1}$$

und

$$\frac{d^2 z}{d x^2} = c\, \psi (\psi - 1)\, x^{\psi - 2}.$$

In Gl. (4) eingesetzt, wird:

$$c\, \psi (\psi - 1)\, x^{\psi - 2} + \frac{a+1}{x} c\, \psi\, x^{\psi - 1} + \frac{a \nu - 1}{x^2} c\, x^{\psi} = 0$$

oder

$$\psi(\psi - 1) + (a + 1)\,\psi + (a\,\nu - 1) = 0$$

und

$$\psi^2 + a\,\psi + (a\,\nu - 1) = 0$$

mit den Lösungen:

$$\psi_1 = -\frac{a}{2} + \sqrt{1 - a\,\nu + \frac{a^2}{4}} \quad \text{und} \quad \psi_2 = -\frac{a}{2} - \sqrt{1 - a\,\nu + \frac{a^2}{4}}. \tag{6}$$

Entsprechend dem Ansatz der Gl. (5) ist demnach das allgemeine Integral: $z = c_1\,x^{\psi_1} + c_2\,x^{\psi_2}$ und entsprechend Gl. (3) das allgemeine Integral für ξ:

$$\xi = c_1\,x^{\psi_1} + c_2\,x^{\psi_2} - \frac{\gamma}{g}\,\frac{(1 - \nu^2)\,\alpha\,\omega^2}{8 + (3 + \nu)\,a}\,x^3. \tag{7}$$

Die Differentiation dieser Gleichung ergibt:

$$\frac{d\xi}{dx} = c_1\,\psi_1\,x^{\psi_1 - 1} + c_2\,\psi_2\,x^{\psi_2 - 1} - 3\,\frac{\gamma}{g}\,\frac{(1 - \nu^2)\,\alpha\,\omega^2}{8 + (3 + \nu)\,a}\,x^2. \tag{8}$$

Eingesetzt in die allgemeinen Spannungsgleichungen (6) und (6a) (Abschnitt B) wird:

$$\sigma_r = \frac{1}{1 - \nu^2}\,\frac{1}{\alpha}\Big[c_1\,\psi_1\,x^{\psi_1 - 1} + c_2\,\psi_2\,x^{\psi_2 - 1} - 3\,\frac{\gamma}{g}\,\frac{(1 - \nu^2)\,\alpha\,\omega^2}{8 + (3 + \nu)\,a}\,x^2 + \nu\,c_1\,x^{\psi_1 - 1}$$
$$+ \nu\,c_2\,x^{\psi_2 - 1} - \nu\,\frac{\gamma}{g}\,\frac{(1 - \nu^2)\,\alpha\,\omega^2}{8 + (3 + \nu)\,a}\,x^2\Big]$$
$$= c_1\,\frac{1}{\alpha}\,\frac{\psi_1 + \nu}{1 - \nu^2}\,x^{\psi_1 - 1} + c_2\,\frac{1}{\alpha}\,\frac{\psi_2 + \nu}{1 - \nu^2}\,x^{\psi_2 - 1} - \frac{\gamma}{g}\,\frac{3 + \nu}{8 + (3 + \nu)\,a}\,\omega^2\,x^2 \tag{9}$$

und

$$\sigma_t = \frac{1}{1 - \nu^2}\,\frac{1}{\alpha}\Big[c_1\,x^{\psi^1 - 1} + c_2\,x^{\psi_2 - 1} - \frac{\gamma}{g}\,\frac{(1 - \nu^2)\,\alpha\,\omega^2}{8 + (3 + \nu)\,a}\,x^2 + \nu\,c_1\,\psi_1\,x^{\psi_1 - 1}$$
$$+ \nu\,c_2\,\psi_2\,x^{\psi_2 - 1} - 3\,\nu\,\frac{\gamma}{g}\,\frac{(1 - \nu^2)\,\alpha\,\omega^2}{8 + (3 + \nu)\,a}\,x^2\Big]$$
$$= c_1\,\frac{1}{\alpha}\,\frac{1 + \nu\,\psi_1}{1 - \nu^2}\,x^{\psi_1 - 1} + c_2\,\frac{1}{\alpha}\,\frac{1 + \nu\,\psi_2}{1 - \nu^2}\,x^{\psi_2 - 1} - \frac{\gamma}{g}\,\frac{1 + 3\,\nu}{8 + (3 + \nu)\,a}\,\omega^2\,x^2. \tag{9a}$$

Die Bestimmung der Konstanten c_1 und c_2 erfolgt entsprechend den Randbedingungen.

b) Frei umlaufende Scheibe mit innerer Bohrung.

Wie bei der Scheibe gleicher Stärke verschwinden auch hier die radialen Spannungen σ_{ra} am Außenhalbmesser r_a und σ_{ri} am Innenhalbmesser r_i. Es ist demnach:

$$\sigma_{ra} = c_1\,\frac{1}{\alpha}\,\frac{\psi_1 + \nu}{1 - \nu^2}\,r_a^{\psi_1 - 1} + c_2\,\frac{1}{\alpha}\,\frac{\psi_2 + \nu}{1 - \nu^2}\,r_a^{\psi_2 - 1} - \frac{\gamma}{g}\,\frac{3 + \nu}{8 + (3 + \nu)\,a}\,\omega^2\,r_a^2 = 0$$

und

$$\sigma_{ri} = c_1\,\frac{1}{\alpha}\,\frac{\psi_1 + \nu}{1 - \nu^2}\,r_i^{\psi_1 - 1} + c_2\,\frac{1}{\alpha}\,\frac{\psi_2 + \nu}{1 - \nu^2}\,r_i^{\psi_2 - 1} - \frac{\gamma}{g}\,\frac{3 + \nu}{8 + (3 + \nu)\,a}\,\omega^2\,r_i^2 = 0.$$

Aus der ersten Gleichung folgt:

$$c_1 = -c_2\,\frac{\psi_2 + \nu}{\psi_1 + \nu}\,r_a^{\psi_2 - \psi_1} + \frac{\gamma}{g}\,\alpha\,\frac{1 - \nu^2}{\psi_1 + \nu}\,\frac{3 + \nu}{8 + (3 + \nu)\,a}\,\omega^2 r_a^{3 - \psi_1}$$

und ebenso aus der zweiten:

$$c_1 = -c_2\,\frac{\psi_2 + \nu}{\psi_1 + \nu}\,r_i^{\psi_2 - \psi_1} + \frac{\gamma}{g}\,\alpha\,\frac{1 - \nu^2}{\psi_1 + \nu}\,\frac{3 + \nu}{8 + (3 + \nu)\,a}\,\omega^2 r_i^{3 - \psi_1}.$$

Die Gleichsetzung ergibt dann weiter:

$$c_2\,(\psi_2 + \nu)\,\big(r_a^{\psi_2 - \psi_1} - r_i^{\psi_2 - \psi_1}\big) = \frac{\gamma}{g}\,\alpha\,(1 - \nu^2)\,\frac{3 + \nu}{8 + (3 + \nu)\,a}\,\omega^2\,\big(r_a^{3 - \psi_1} - r_i^{3 - \psi_1}\big)$$

und

$$c_2 = \frac{\gamma}{g}\,\alpha\,\frac{1 - \nu^2}{\psi_2 + \nu}\,\frac{3 + \nu}{8 + (3 + \nu)\,a}\,\omega^2\,\frac{r_a^{3 - \psi_1} - r_i^{3 - \psi_1}}{r_a^{\psi_2 - \psi_1} - r_i^{\psi_2 - \psi_1}}. \tag{10}$$

Durch Einsetzen wird:

$$
\begin{aligned}
c_1 = & -\frac{\gamma}{g}\,\alpha\,\frac{1-\nu^2}{\psi_1+\nu}\,\frac{3+\nu}{8+(3+\nu)\,a}\,\omega^2\,\frac{r_a^{3-\psi_1}-r_i^{3-\psi_1}}{r_a^{\psi_2-\psi_1}-r_i^{\psi_2-\psi_1}}\,r_i^{\psi_2-\psi_1}\\
& +\frac{\gamma}{g}\,\alpha\,\frac{1-\nu^2}{\psi_1+\nu}\,\frac{3+\nu}{8+(3+\nu)\,a}\,\omega^2\,r_i^{3-\psi_1}\\
= & \frac{\gamma}{g}\,\alpha\,\frac{1-\nu^2}{\psi_1+\nu}\,\frac{3+\nu}{8+(3+\nu)\,a}\,\omega^2\,\frac{r_i^{3-\psi_1}r_a^{\psi_2-\psi_1}-r_a^{3-\psi_1}r_i^{\psi_2-\psi_1}}{r_a^{\psi_2-\psi_1}-r_i^{\psi_2-\psi_1}}\,.
\end{aligned}
\tag{11}
$$

Durch Einsetzen der Gl. (10) und (11) in Gl. (9) und (9a) folgt:

$$
\left.
\begin{aligned}
\sigma_r = & \frac{\gamma}{g}\,\frac{3+\nu}{8+(3+\nu)\,a}\,\omega^2\left[\frac{r_i^{3-\psi_1}r_a^{\psi_2-\psi_1}-r_a^{3-\psi_1}r_i^{\psi_2-\psi_1}}{r_a^{\psi_2-\psi_1}-r_i^{\psi_2-\psi_1}}\,x^{\psi_1-1}\right.\\
& \left.+\frac{r_a^{3-\psi_1}-r_i^{3-\psi_1}}{r_a^{\psi_2-\psi_1}-r_i^{\psi_2-\psi_1}}\,x^{\psi_2-1}-x^2\right]
\end{aligned}
\right\}
\tag{12}
$$

und

$$
\left.
\begin{aligned}
\sigma_t = & \frac{\gamma}{g}\,\frac{3+\nu}{8+(3+\nu)\,a}\,\omega^2\left[\frac{1+\nu\psi_1}{\psi_1+\nu}\,\frac{r_i^{3-\psi_1}r_a^{\psi_2-\psi_1}-r_a^{3-\psi_1}r_i^{\psi_2-\psi_1}}{r_a^{\psi_2-\psi_1}-r_i^{\psi_2-\psi_1}}\,x^{\psi_1-1}\right.\\
& \left.+\frac{1+\nu\psi_2}{\psi_2+\nu}\,\frac{r_a^{3-\psi_1}-r_i^{3-\psi_1}}{r_a^{\psi_2-\psi_1}-r_i^{\psi_2-\psi_1}}\,x^{\psi_2-1}-\frac{1+3\nu}{3+\nu}\,x^2\right].
\end{aligned}
\right\}
\tag{12a}
$$

Die radiale Verlängerung wird:

$$
\left.
\begin{aligned}
\xi = & \frac{\gamma}{g}\,\frac{3+\nu}{8+(3+\nu)\,a}\,\omega^2\left[\frac{1-\nu^2}{\psi_1+\nu}\,\frac{r_i^{3-\psi_1}r_a^{\psi_2-\psi_1}-r_a^{3-\psi_1}r_i^{\psi_2-\psi_1}}{r_a^{\psi_2-\psi_1}-r_i^{\psi_2-\psi_1}}\,x^{\psi_1}\right.\\
& \left.+\frac{1-\nu^2}{\psi_2+\nu}\,\frac{r_a^{3-\psi_1}-r_i^{3-\psi_1}}{r_a^{\psi_2-\psi_1}-r_i^{\psi_2-\psi_1}}\,x^{\psi_2}-\frac{1-\nu^2}{3+\nu}\,x^3\right].
\end{aligned}
\right\}
\tag{13}
$$

Durch Einsetzen von $r_i = \beta r_a$ und $x = \varkappa r_a$ gehen die Gl. (12), (12a) und (13) in die Form über:

$$
\sigma_r = \frac{\gamma}{g}\,\omega^2 r_a^2\,\frac{3+\nu}{8+(3+\nu)\,a}\left[\frac{\beta^{\psi_2-\psi_1}-\beta^{3-\psi_1}}{\beta^{\psi_2-\psi_1}-1}\,\varkappa^{\psi_1-1}+\frac{\beta^{3-\psi_1}-1}{\beta^{\psi_2-\psi_1}-1}\,\varkappa^{\psi_2-1}-\varkappa^2\right],
\tag{12b}
$$

$$
\left.
\begin{aligned}
\sigma_t = & \frac{\gamma}{g}\,\omega^2 r_a^2\,\frac{3+\nu}{8+(3+\nu)\,a}\left[\frac{1+\nu\psi_1}{\psi_1+\nu}\,\frac{\beta^{\psi_2-\psi_1}-\beta^{3-\psi_1}}{\beta^{\psi_2-\psi_1}-1}\,\varkappa^{\psi_1-1}\right.\\
& \left.+\frac{1+\nu\psi_2}{\psi_2+\nu}\,\frac{\beta^{3-\psi_1}-1}{\beta^{\psi_2-\psi_1}-1}\,\varkappa^{\psi_2-1}-\frac{1+3\nu}{3+\nu}\,\varkappa^2\right],
\end{aligned}
\right\}
\tag{12c}
$$

$$
\xi = \frac{\gamma}{g}\,\alpha\,\omega^2 r_a^3\,\frac{3+\nu}{8+(3+\nu)\,a}\left[\frac{1-\nu^2}{\psi_1+\nu}\,\frac{\beta^{\psi_2-\psi_1}-\beta^{3-\psi_1}}{\beta^{\psi_2-\psi_1}-1}\,\varkappa^{\psi_1}+\frac{1-\nu^2}{\psi_2+\nu}\,\frac{\beta^{3-\psi_1}-1}{\beta^{\psi_2-\psi_1}-1}\,\varkappa^{\psi_2}+\frac{1-\nu^2}{3+\nu}\,\varkappa^3\right].
\tag{13a}
$$

Am Außenrand wird mit $x = r_a$:

$$
\sigma_{ra} = 0\,,
$$

$$
\left.
\begin{aligned}
\sigma_{ta} = & \frac{\gamma}{g}\,\frac{3+\nu}{8+(3+\nu)\,a}\,\omega^2\left[\frac{1+\nu\psi_1}{\psi_1+\nu}\,\frac{r_i^{3-\psi_1}r_a^{\psi_2-1}-r_a^2\,r_i^{\psi_2-1}}{r_a^{\psi_2-\psi_1}-r_i^{\psi_2-\psi_1}}\right.\\
& \left.+\frac{1+\nu\psi_2}{\psi_2+\nu}\,\frac{r_a^{2+\psi_2-\psi_1}-r_i^{3-\psi_1}r_a^{\psi_2}}{r_a^{\psi_2-\psi_1}-r_i^{\psi_2-\psi_1}}-\frac{1+3\nu}{3+\nu}\,r_a^2\right],
\end{aligned}
\right\}
\tag{14}
$$

$$
\left.
\begin{aligned}
\xi_a = & \frac{\gamma}{g}\,\alpha\,\frac{3+\nu}{8+(3+\nu)\,a}\,\omega^2\left[\frac{1-\nu^2}{\psi_1+\nu}\,\frac{r_i^{3-\psi_1}r_a^{\psi_2}-r_a^3\,r_i^{\psi_2-\psi_1}}{r_a^{\psi_2-\psi_1}-r_i^{\psi_2-\psi_1}}\right.\\
& \left.+\frac{1-\nu^2}{\psi_2+\nu}\,\frac{r_a^{3+\psi_2-\psi_1}-r_i^{3-\psi_1}r_a^{\psi_2}}{r_a^{\psi_2-\psi_1}-r_i^{\psi_2-\psi_1}}-\frac{1-\nu^2}{3+\nu}\,r_a^3\right].
\end{aligned}
\right\}
\tag{15}
$$

Ebenso ist am Innenrand mit $x = r_i$:

$$\sigma_{ri} = 0\,,$$

$$\left.\begin{aligned}\sigma_{ti} = \frac{\gamma}{g}\,\frac{3+\nu}{8+(3+\nu)\,a}\,\omega^2 \Bigg[&\frac{1+\nu\,\psi_1}{\psi_1+\nu}\,\frac{r_i^2\,r_a^{\psi_2-\psi_1} - r_a^{3-\psi_1}\,r_i^{\psi_2-1}}{r_a^{\psi_2-\psi_1} - r_i^{\psi_2-\psi_1}}\\ &+ \frac{1+\nu\,\psi_2}{\psi_2+\nu}\,\frac{r_a^{3-\psi_1}\,r_i^{\psi_2-1} - r_i^{2+\psi_2-\psi_1}}{r_a^{\psi_2-\psi_1} - r_i^{\psi_2-\psi}} - \frac{1+3\,\nu}{3+\nu}\,r_i^2\Bigg],\end{aligned}\right\} \quad (14\,a)$$

$$\left.\begin{aligned}\xi_i = \frac{\gamma}{g}\,\alpha\,\frac{3+\nu}{8+(3+\nu)\,a}\,\omega^2 \Bigg[&\frac{1-\nu^2}{\psi_1+\nu}\,\frac{r_i^3\,r_a^{\psi_2-\psi_1} - r_a^{3-\psi_1}\,r_i^{\psi_2}}{r_a^{\psi_2-\psi_1} - r_i^{\psi_2-\psi_1}}\\ &+ \frac{1-\nu^2}{\psi_2+\nu}\,\frac{r_a^{3-\psi_1}\,r_i^{\psi_2} - r_i^{3+\psi_2-\psi_1}}{r_a^{\psi_2-\psi_1} - r_i^{\psi_2-\psi_1}} - \frac{1-\nu^2}{3+\nu}\,r_i^3\Bigg].\end{aligned}\right\} \quad (15\,a)$$

Für die Berechnung maßgebend sind zunächst die tangentialen Randspannungen σ_{ta} und σ_{ti} bzw. die entsprechenden Verlängerungen. Auf die Darstellung des Ver-

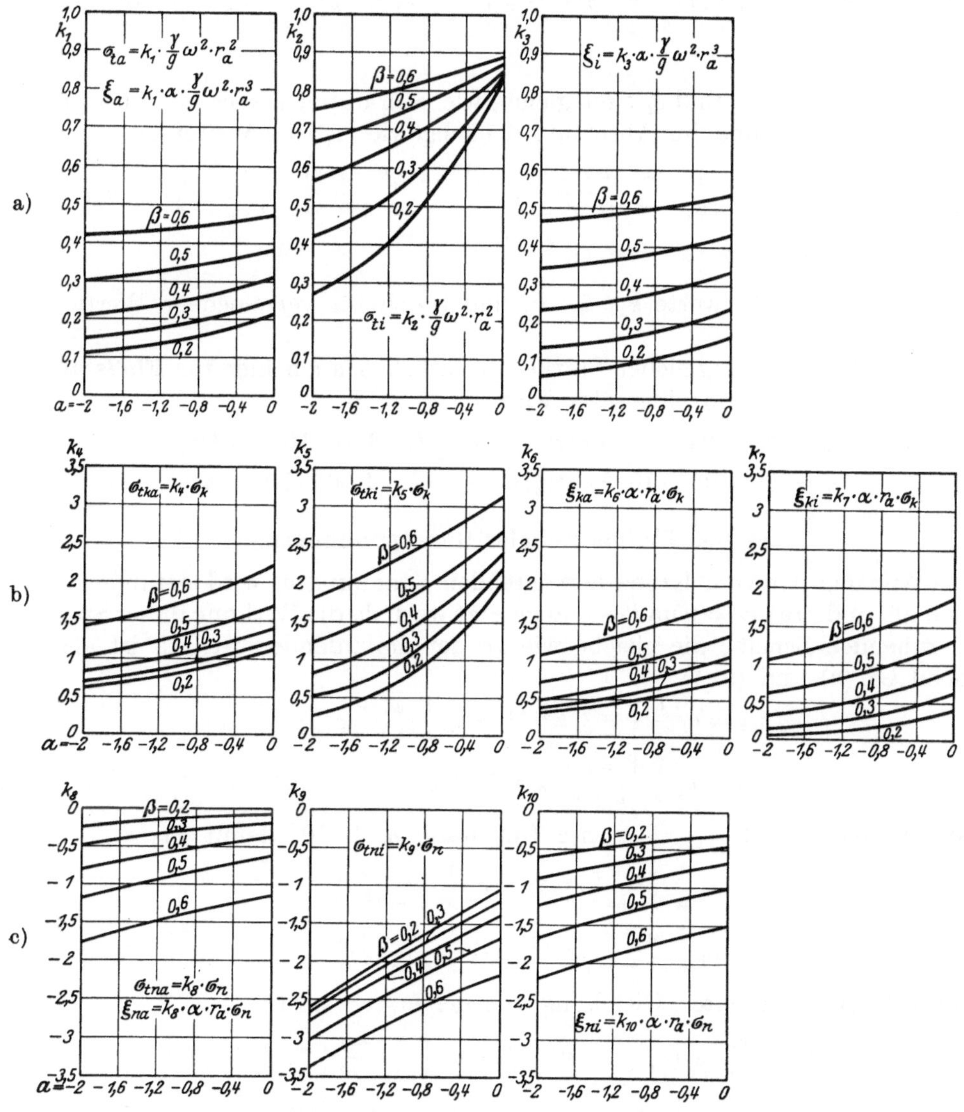

Abb. 112. Randspannungen und -dehnungen der Scheiben mit hyperbelförmigem Profil.
a) Einfluß der Rotation, b) Einfluß des Kranzes, c) Einfluß der Nabe.

laufes der Spannungen, wie sie für die Scheibe gleicher Stärke durchgeführt war, soll daher verzichtet und nur die Randspannungen und -verlängerungen für verschiedene Werte $\beta = r_i/r_a$ errechnet werden.

Setzt man diesen Wert ein, so wird unter Berücksichtigung des Umstandes, daß $\beta^{\psi_2-\psi_1}$ stets größer als 1 ist:

$$\sigma_{ta} = \frac{\gamma}{g}\,\omega^2 r_a^2 \frac{3+\nu}{8+(3+\nu)\,a}\left[\frac{1+\nu\,\psi_1}{\psi_1+\nu}\,\frac{\beta^{\psi_2-\psi_1}-\beta^{3-\psi_1}}{\beta^{\psi_2-\psi_1}-1}+\frac{1+\nu\,\psi_2}{\psi_2+\nu}\,\frac{\beta^{3-\psi_1}-1}{\beta^{\psi_2-\psi_1}-1}-\frac{1+3\,\nu}{3+\nu}\right]$$

$$= k_1\cdot\frac{\gamma}{g}\,\omega^2\cdot r_a^2, \tag{16}$$

$$\sigma_{ti} = \frac{\gamma}{g}\,\omega^2 r_a^2 \frac{3+\nu}{8+(3+\nu)\,a}\left[\frac{1+\nu\,\psi_1}{\psi_1+\nu}\,\frac{\beta^{\psi_2-1}-\beta^2}{\beta^{\psi_2-\psi_1}-1}+\frac{1+\nu\,\psi_2}{\psi_2+\nu}\,\frac{\beta^{2+\psi_2-\psi_1}-\beta^{\psi_2-1}}{\beta^{\psi_2-\psi_1}-1}-\frac{1+3\,\nu}{3+\nu}\,\beta^2\right]$$

$$= k_2\cdot\frac{\gamma}{g}\,\omega^2\cdot r_a^2, \tag{17}$$

$$\xi_a = \frac{\gamma}{g}\,\alpha\,\omega^2 r_a^3 \frac{3+\nu}{8+(3+\nu)\,a}\left[\frac{1-\nu^2}{\psi_1+\nu}\,\frac{\beta^{\psi_2-\psi_1}-\beta^{3-\psi_1}}{\beta^{\psi_2-\psi_1}-1}+\frac{1-\nu^2}{\psi_2+\nu}\,\frac{\beta^{3-\psi_1}-1}{\beta^{\psi_2-\psi_1}-1}-\frac{1-\nu^2}{3+\nu}\right]$$

$$= k_1\cdot\alpha\cdot\frac{\gamma}{g}\,\omega^2\cdot r_a^3. \tag{18}$$

Die Beiwerte für σ_{ta} und ξ_a sind gleich, wie sich durch Einsetzen von ψ_1 und ψ_2 gemäß Gl. (6) ergibt und im Abschnitt d nachgewiesen ist. Weiter ist

$$\xi_i = \frac{\gamma}{g}\,\alpha\,\omega^2 r_a^3 \frac{3+\nu}{8+(3+\nu)\,a}\left[\frac{1-\nu^2}{\psi_1+\nu}\,\frac{\beta^{\psi_2}-\beta^3}{\beta^{\psi_2-\psi_1}-1}+\frac{1-\nu^2}{\psi_2+\nu}\,\frac{\beta^{3+\psi_2-\psi_1}-\beta^{\psi_2}}{\beta^{\psi_2-\psi_1}-1}-\frac{1-\nu^2}{3+\nu}\,\beta^3\right]$$

$$= k_3\cdot\alpha\cdot\frac{\gamma}{g}\,\omega^2\cdot r_a^3. \tag{19}$$

Der Verlauf der Beiwerte k_1; k_2; k_3 findet sich für verschiedene Werte von β und a in Abb. 112a.

Wie bei der Scheibe gleicher Stärke ist natürlich auch hier für Flußstahl und Nickelstahl, wenn r_a in m eingesetzt wird

$$\sigma_{ta} = k_1\cdot 8{,}94\cdot 10^{-4}\cdot n^2 r_a^2;\qquad \sigma_{ti} = k_2\cdot 8{,}94\cdot 10^{-4}\cdot n^2 r_a^2,$$
$$\xi_a = k_1\cdot 4{,}065\cdot 10^{-8}\cdot n^2 r_a^3;\qquad \xi_i = k_3\cdot 4{,}065\cdot 10^{-8}\cdot n^2 r_a^3.$$

c) Der Einfluß radialer Randspannungen.

Die Wirkung der vom Kranz herrührenden Spannung σ_k wird gefunden, indem in den Gl. (9) und (9a) $n = 0$ und $\omega = 0$ gesetzt wird, da die Wirkung dieser Spannung an der ruhenden Scheibe die gleiche wie an der umlaufenden ist. Es ist also entsprechend Gl. (9) und (9a):

$$\sigma_{rk} = c_1\frac{1}{\alpha}\,\frac{\psi_1+\nu}{1-\nu^2}\,x^{\psi_1-1}+c_2\frac{1}{\alpha}\,\frac{\psi_2+\nu}{1-\nu^2}\,x^{\psi_2-1}$$

und

$$\sigma_{tk} = c_1\frac{1}{\alpha}\,\frac{1+\nu\,\psi_1}{1-\nu^2}\,x^{\psi_1-1}+c_2\frac{1}{\alpha}\,\frac{1+\nu\,\psi_2}{1-\nu^2}\,x^{\psi_2-1}.$$

Am Außenrand ist $\sigma_{rka} = \sigma_k$, am Innenrand $\sigma_{rki} = 0$, damit ist:

$$\sigma_k = c_1\frac{1}{\alpha}\,\frac{\psi_1+\nu}{1-\nu^2}\,r_a^{\psi_1-1}+c_2\frac{1}{\alpha}\,\frac{\psi_2+\nu}{1-\nu^2}\,r_a^{\psi_2-1}$$

und

$$0 = c_1\frac{1}{\alpha}\,\frac{\psi_1+\nu}{1-\nu^2}\,r_i^{\psi_1-1}+c_2\frac{1}{\alpha}\,\frac{\psi_2+\nu}{1-\nu^2}\,r_i^{\psi_2-1}$$

Subtraktion der zweiten Gleichung von der ersten ergibt:

$$\sigma_k = c_1\frac{1}{\alpha}\,\frac{\psi_1+\nu}{1-\nu^2}\left(r_a^{\psi_1-1}-r_i^{\psi_1-1}\right)+c_2\frac{1}{\alpha}\,\frac{\psi_2+\nu}{1-\nu^2}\left(r_a^{\psi_2-1}-r_i^{\psi_2-1}\right)$$

und

$$c_1 = \alpha\,\frac{1-\nu^2}{\psi_1+\nu}\,\frac{1}{r_a^{\psi_1-1}-r_i^{\psi_1-1}}\,\sigma_k - c_2\,\frac{\psi_2+\nu}{\psi_1+\nu}\,\frac{r_a^{\psi_2-1}-r_i^{\psi_2-1}}{r_a^{\psi_1-1}-r_i^{\psi_1-1}}.$$

Andererseits ist:

$$c_1 = -c_2 \frac{\psi_2 + \nu}{\psi_1 + \nu} r_i^{\psi_2 - \psi_1}.$$

Aus der Gleichsetzung folgt:

$$c_2 (\psi_2 + \nu) \left[r_i^{\psi_2 - \psi_1} - \frac{r_a^{\psi_2 - 1} - r_i^{\psi_2 - 1}}{r_a^{\psi_1 - 1} - r_i^{\psi_1 - 1}} \right] = -\alpha \frac{1 - \nu^2}{r_a^{\psi_1 - 1} - r_i^{\psi_1 - 1}} \sigma_k ,$$

$$c_2 = -\alpha \frac{1 - \nu^2}{\psi_2 + \nu} \frac{1}{r_a^{\psi_1 - 1} r_i^{\psi_2 - \psi_1} - r_a^{\psi_2 - 1}} \sigma_k . \tag{20}$$

Weiter ist:

$$c_1 = \alpha \frac{1 - \nu^2}{\psi_1 + \nu} \frac{r_i^{\psi_2 - \psi_1}}{r_a^{\psi_1 - 1} r_i^{\psi_2 - \psi_1} - r_a^{\psi_2 - 1}} \sigma_k . \tag{21}$$

Durch Einsetzen in die Spannungsgleichungen (9) und (9a) folgen die Spannungen:

$$\sigma_{rk} = \frac{r_i^{\psi_2 - \psi_1} x^{\psi_1 - 1} - x^{\psi_2 - 1}}{r_a^{\psi_1 - 1} r_i^{\psi_2 - \psi_1} - r_a^{\psi_2 - 1}} \sigma_k \tag{22}$$

und

$$\sigma_{tk} = \frac{\frac{1 + \nu \psi_1}{\psi_1 + \nu} r_i^{\psi_2 - \psi_1} x^{\psi_1 - 1} - \frac{1 + \nu \psi_2}{\psi_2 + \nu} x^{\psi_2 - 1}}{r_a^{\psi_1 - 1} r_i^{\psi_2 - \psi_1} - r_a^{\psi_2 - 1}} \sigma_k \tag{22a}$$

und die radiale Verlängerung gemäß Gl. (7):

$$\xi_k = \alpha \frac{\frac{1 - \nu^2}{\psi_1 + \nu} r_i^{\psi_2 - \psi_1} x^{\psi_1} - \frac{1 - \nu^2}{\psi_2 + \nu} x^{\psi_2}}{r_a^{\psi_1 - 1} r_i^{\psi_2 - \psi_1} - r_a^{\psi_2 - 1}} \sigma_k . \tag{23}$$

Durch Einsetzen der Werte β und $\varkappa$ ergibt sich:

$$\sigma_{rk} = \frac{\beta^{\psi_2 - \psi_1} \varkappa^{\psi_1 - 1} - \varkappa^{\psi_2 - 1}}{\beta^{\psi_2 - \psi_1} - 1} \sigma_k , \tag{22b}$$

$$\sigma_{tk} = \frac{\frac{1 + \nu \psi_1}{\psi_1 + \nu} \beta^{\psi_2 - \psi_1} \varkappa^{\psi_1 - 1} - \frac{1 + \nu \psi_2}{\psi_2 + \nu} \varkappa^{\psi_2 - 1}}{\beta^{\psi_2 - \psi_1} - 1} \sigma_k \tag{22c}$$

und

$$\xi_k = \alpha r_a \frac{\frac{1 - \nu^2}{\psi_1 + \nu} \beta^{\psi_2 - \psi_1} \varkappa^{\psi_1} - \frac{1 - \nu^2}{\psi_2 + \nu} \varkappa^{\psi_2}}{\beta^{\psi_2 - \psi_1} - 1} \sigma_k . \tag{23a}$$

Es ergibt sich weiter am Außenrand mit $x = r_a$:

$$\sigma_{rka} = \sigma_k ,$$

$$\sigma_{tka} = \frac{\frac{1 + \nu \psi_1}{\psi_1 + \nu} r_i^{\psi_2 - \psi_1} r_a^{\psi_1 - 1} - \frac{1 + \nu \psi_2}{\psi_2 + \nu} r_a^{\psi_2 - 1}}{r_a^{\psi_1 - 1} r_i^{\psi_2 - \psi_1} - r_a^{\psi_2 - 1}} \sigma_k , \tag{24}$$

$$\xi_{ka} = \alpha \frac{\frac{1 - \nu^2}{\psi_1 + \nu} r_i^{\psi_2 - \psi_1} r_a^{\psi_1} - \frac{1 - \nu^2}{\psi_2 + \nu} r_a^{\psi_2}}{r_a^{\psi_1 - 1} r_i^{\psi_2 - \psi_1} - r_a^{\psi_2 - 1}} \sigma_k . \tag{25}$$

Am Innenrand mit $x = r_i$:

$$\sigma_{rki} = 0 ,$$

$$\sigma_{tki} = \frac{(1 - \nu^2)(\psi_2 - \psi_1)}{(\psi_1 + \nu)(\psi_2 + \nu)} \frac{r_i^{\psi_2 - 1}}{r_a^{\psi_1 - 1} r_i^{\psi_2 - \psi_1} - r_a^{\psi_2 - 1}} \sigma_k , \tag{26}$$

$$\xi_{ki} = \alpha \frac{(1 - \nu^2)(\psi_2 - \psi_1)}{(\psi_1 + \nu)(\psi_2 + \nu)} \frac{r_i^{\psi_2}}{r_a^{\psi_1 - 1} r_i^{\psi_2 - \psi_1} - r_a^{\psi_2 - 1}} \sigma_k . \tag{27}$$

Schließlich ist unter Einsetzung von $r_i = \beta r_a$:

$$\sigma_{tka} = \frac{\frac{1+\nu\psi_1}{\psi_1+\nu}\beta^{\psi_2-\psi_1} - \frac{1+\nu\psi_2}{\psi_2+\nu}}{\beta^{\psi_2-\psi_1}-1}\sigma_k = k_4 \cdot \sigma_k\,, \tag{28}$$

$$\sigma_{tki} = \frac{(1-\nu^2)(\psi_2-\psi_1)}{(\psi_1+\nu)(\psi_2+\nu)} \frac{\beta^{\psi_2-1}}{\beta^{\psi_2-\psi_1}-1}\sigma_k = k_5 \cdot \sigma_k \tag{29}$$

und

$$\xi_{ka} = \alpha r_a \frac{\frac{1-\nu^2}{\psi_1+\nu}\beta^{\psi_2-\psi_1} - \frac{1-\nu^2}{\psi_2+\nu}}{\beta^{\psi_2-\psi_1}-1}\sigma_k = k_6 \cdot \alpha \cdot r_a \cdot \sigma_k\,, \tag{30}$$

$$\xi_{ki} = \alpha r_a \frac{(1-\nu^2)(\psi_2-\psi_1)}{(\psi_1+\nu)(\psi_2+\nu)} \frac{\beta^{\psi_2}}{\beta^{\psi_2-\psi_1}-1}\sigma_k = k_7 \cdot \alpha \cdot r_a \cdot \sigma_k\,. \tag{31}$$

Die Beiwerte k_4, k_5, k_6, k_7 enthält Abb. 112b. Wenn nur die von der Nabe herrührende Spannung σ_n vorhanden ist, so ergeben sich die Konstanten c_1 und c_2 aus der Bedingung, daß am Außenrand:

$$\sigma_{rna} = 0 = c_1 \frac{1}{\alpha}\frac{\psi_1+\nu}{1-\nu^2} r_a^{\psi_1-1} + c_2 \frac{1}{\alpha}\frac{\psi_2+\nu}{1-\nu^2} r_a^{\psi-1}$$

und am Innenrand:

$$\sigma_{rni} = \sigma_n = c_1 \frac{1}{\alpha}\frac{\psi_1+\nu}{1-\nu^2} r_i^{\psi_1-1} + c_2 \frac{1}{\alpha}\frac{\psi_2+\nu}{1-\nu^2} r_i^{\psi_2-1}$$

ist. Hiermit ergibt sich durch Subtraktion:

$$-\sigma_n = c_1 \frac{1}{\alpha}\frac{\psi_1+\nu}{1-\nu^2}\left(r_a^{\psi_1-1} - r_i^{\psi_1-1}\right) + c_2 \frac{1}{\alpha}\frac{\psi_2+\nu}{1-\nu^2}\left(r_a^{\psi_2-1} - r_i^{\psi_2-1}\right),$$

$$c_1 = -\alpha \frac{1-\nu^2}{\psi_1+\nu} \frac{1}{r_a^{\psi_1-1} - r_i^{\psi_1-1}}\sigma_n - c_2 \frac{\psi_2+\nu}{\psi_1+\nu} \frac{r_a^{\psi_2-1} - r_i^{\psi_2-1}}{r_a^{\psi_1-1} - r_i^{\psi_1-1}}.$$

Andererseits ist:

$$c_1 = -c_2 \frac{\psi_2+\nu}{\psi_1+\nu} r_a^{\psi_2-\psi_1}.$$

Aus der Gleichsetzung folgt:

$$c_2(\psi_2+\nu)\left(r_a^{\psi_2-\psi_1} - \frac{r_a^{\psi_2-1} - r_i^{\psi_2-1}}{r_a^{\psi_1-1} - r_i^{\psi_1-1}}\right) = \alpha \frac{(1-\nu^2)}{r_a^{\psi_1-1} - r_i^{\psi_1-1}}\sigma_n\,,$$

$$c_2 = \alpha \frac{1-\nu^2}{\psi_2+\nu} \frac{1}{r_i^{\psi_2-1} - r_a^{\psi_2-\psi_1} r_i^{\psi_1-1}}\sigma_n\,. \tag{32}$$

Durch Einsetzen entsteht:

$$c_1 = -\alpha \frac{1-\nu^2}{\psi_1+\nu} \frac{r_a^{\psi_2-\psi_1}}{r_i^{\psi_2-1} - r_a^{\psi_2-\psi_1} \cdot r_i^{\psi_1-1}}\sigma_n\,. \tag{33}$$

Die Spannungsgleichungen erhalten durch Einsetzen der Konstanten in Gl. (9) und (9a) folgende Form:

$$\sigma_{rn} = \frac{x^{\psi_2-1} - r_a^{\psi_2-\psi_1} x^{\psi_1-1}}{r_i^{\psi_2-1} - r_a^{\psi_2-\psi_1} r_i^{\psi_1-1}}\sigma_n\,, \tag{34}$$

$$\sigma_{tn} = \frac{\frac{1+\nu\psi_2}{\psi_2+\nu}x^{\psi_2-1} - \frac{1+\nu\psi_1}{\psi_1+\nu} r_a^{\psi_2-\psi_1} x^{\psi_1-1}}{r_i^{\psi_2-1} - r_a^{\psi_2-\psi_1} r_i^{\psi_1-1}}\sigma_n \tag{35}$$

und die radiale Verlängerung:

$$\xi_n = \alpha \frac{\frac{1-\nu^2}{\psi_2+\nu}x^{\psi_2} - \frac{1-\nu^2}{\psi_1+\nu} r_a^{\psi_2-\psi_1} x^{\psi_1}}{r_i^{\psi_2-1} - r_a^{\psi_2-\psi_1} r_i^{\psi_1-1}}\sigma_n\,. \tag{36}$$

Durch Einsetzen von β und $\varkappa$ wird:

$$\sigma_{rn} = \frac{\varkappa^{\psi_2 - 1} - \varkappa^{\psi_1 - 1}}{\beta^{\psi_2 - 1} - \beta^{\psi_1 - 1}} \sigma_n\,, \tag{34a}$$

$$\sigma_{tn} = \frac{\frac{1 + \nu \psi_2}{\psi_2 + \nu} \varkappa^{\psi_2 - 1} - \frac{1 + \nu \psi_1}{\psi_1 + \nu} \varkappa^{\psi_1 - 1}}{\beta^{\psi_2 - 1} - \beta^{\psi_1 - 1}} \sigma_n \tag{35a}$$

und

$$\xi_n = \alpha\, r_a \frac{\frac{1 - \nu^2}{\psi_2 + \nu} \varkappa^{\psi_2} - \frac{1 - \nu^2}{\psi_1 + \nu} \varkappa^{\psi_1}}{\beta^{\psi_2 - 1} - \beta^{\psi_1 - 1}} \sigma_n\,. \tag{36a}$$

Es werden nun die Randspannungen und -verlängerungen am Außenrand mit $x = r_a$:

$$\sigma_{rna} = 0\,,$$

$$\sigma_{tna} = -\frac{(1 - \nu^2)(\psi_2 - \psi_1)}{(\psi_1 + \nu)(\psi_2 + \nu)} \frac{r_a^{\psi_2 - 1}}{r_i^{\psi_2 - 1} - r_a^{\psi_2 - \psi_1} \cdot r_i^{\psi_1 - 1}} \sigma_n\,, \tag{37}$$

$$\xi_{na} = -\alpha \frac{(1 - \nu^2)(\psi_2 - \psi_1)}{(\psi_1 + \nu)(\psi_2 + \nu)} \frac{r_a^{\psi_2}}{r_i^{\psi_2 - 1} - r_a^{\psi_2 - \psi_1} r_i^{\psi_1 - 1}} \sigma_n\,, \tag{38}$$

am Innenrand mit $x = r_i$:

$$\sigma_{rni} = \sigma_n\,,$$

$$\sigma_{tni} = -\frac{\frac{1 + \nu \psi_1}{\psi_1 + \nu} r_a^{\psi_2 - \psi_1} r_i^{\psi_1 - 1} - \frac{1 + \nu \psi_2}{\psi_2 + \nu} r_i^{\psi_2 - 1}}{r_i^{\psi_2 - 1} - r_a^{\psi_2 - \psi_1} r_i^{\psi_1 - 1}} \sigma_n\,, \tag{39}$$

$$\xi_{ni} = -\alpha \frac{\frac{1 - \nu^2}{\psi_1 + \nu} r_a^{\psi_2 - \psi_1} r_i^{\psi_1} - \frac{1 - \nu^2}{\psi_2 + \nu} r_i^{\psi_2}}{r_i^{\psi_2 - 1} - r_a^{\psi_2 - \psi_1} r_i^{\psi_1 - 1}} \sigma_n\,. \tag{40}$$

Endlich wird durch Einsetzen von $r_i = \beta\, r_a$:

$$\sigma_{tna} = -\frac{(1 - \nu^2)(\psi_2 - \psi_1)}{(\psi_1 + \nu)(\psi_2 + \nu)} \frac{1}{\beta^{\psi_2 - 1} - \beta^{\psi_1 - 1}} \sigma_n = k_8 \cdot \sigma_n\,, \tag{41}$$

$$\sigma_{tni} = -\frac{\frac{1 + \nu \psi_1}{\psi_1 + \nu} - \frac{1 + \nu \psi_2}{\psi_2 + \nu} \beta^{\psi_2 - \psi_1}}{\beta^{\psi_2 - \psi_1} - 1} \sigma_n = k_9 \cdot \sigma_n\,, \tag{42}$$

$$\xi_{na} = -\alpha\, r_a \frac{(1 - \nu^2)(\psi_2 - \psi_1)}{(\psi_1 + \nu)(\psi_2 + \nu)} \frac{1}{\beta^{\psi_2 - 1} - \beta^{\psi_1 - 1}} \sigma_n = k_8 \cdot \alpha \cdot r_a \cdot \sigma_n\,, \tag{43}$$

da der Beiwert für σ_{tna} und ξ_{na} übereinstimmt;

$$\xi_{ni} = -\alpha\, r_a\, \beta \frac{\frac{1 - \nu^2}{\psi_1 + \nu} - \frac{1 - \nu^2}{\psi_2 + \nu} \beta^{\psi_2 - \psi_1}}{\beta^{\psi_2 - \psi_1} - 1} \sigma_n = k_{10} \cdot \alpha \cdot r_a \cdot \sigma_n\,. \tag{44}$$

Die Beiwerte k_8, k_9, k_{10} können der Abb. 112c entnommen werden.

d) Ziffernmäßige Ermittlung der Beiwerte.

Die Berechnung der verschiedenen, ψ_1 und ψ_2 enthaltenden Beiwerte kann vereinfacht werden, wenn auf a zurückgegriffen wird. Es ist:

$$\psi_1 \psi_2 = a\nu - 1 \quad \text{und} \quad \psi_2 - \psi_1 = -2\sqrt{1 - a\nu + \frac{a^2}{4}}$$

und weiter:

$$(\psi_1 + \nu)(\psi_2 + \nu) = \left(\nu - \frac{a}{2} + \sqrt{1 - a\nu + \frac{a^2}{4}}\right)\left(\nu - \frac{a}{2} - \sqrt{1 - a\nu + \frac{a^2}{4}}\right)$$

$$= \left(\nu - \frac{a}{2}\right)^2 - \left(1 - a\nu + \frac{a^2}{4}\right) = \nu^2 - a\nu + \frac{a^2}{4} - 1 + a\nu - \frac{a^2}{4} = -(1 - \nu^2)\,.$$

Es wird dann:

$$\frac{1+\nu\psi_1}{\psi_1+\nu} = \frac{(1+\nu\psi_1)(\psi_2+\nu)}{(\psi_1+\nu)(\psi_2+\nu)} = \frac{\psi_2+\nu\psi_1\psi_2+\nu+\nu^2\psi_1}{-(1-\nu^2)} = \frac{\psi_2+a\nu^2+\nu^2\psi_1}{-(1-\nu^2)}$$

$$= \frac{\psi_2+\nu^2(a+\psi_1)}{-(1-\nu^2)} = \frac{-\frac{a}{2}-\sqrt{1-a\nu+\frac{a^2}{4}}+\nu^2\left(\frac{a}{2}+\sqrt{1-a\nu+\frac{a^2}{4}}\right)}{-(1-\nu^2)}$$

$$= \frac{a}{2}+\sqrt{1-a\nu+\frac{a^2}{4}} = -\psi_2\,.$$

$$\frac{1+\nu\psi_2}{\psi_2+\nu} = \frac{(1+\nu\psi_2)(\psi_1+\nu)}{(\psi_1+\nu)(\psi_2+\nu)} = \frac{\psi_1+\nu\psi_1\psi_2+\nu+\nu^2\psi_1}{-(1-\nu^2)} = \frac{\psi_1+a\nu^2+\nu^2\psi_2}{-(1-\nu^2)}$$

$$= \frac{\psi_1+\nu^2(a+\psi_2)}{-(1-\nu^2)} = \frac{-\frac{a}{2}+\sqrt{1-a\nu+\frac{a^2}{4}}+\nu^2\left(\frac{a}{2}-\sqrt{1-a\nu+\frac{a^2}{4}}\right)}{-(1-\nu^2)}$$

$$= \frac{a}{2}-\sqrt{1-a\nu+\frac{a^2}{4}} = -\psi_1\,.$$

$$\frac{1-\nu^2}{\psi_1+\nu} = \frac{(1-\nu^2)(\psi_2+\nu)}{(\psi_1+\nu)(\psi_2+\nu)} = -(\psi_2+\nu) = \frac{a}{2}+\sqrt{1-a\nu+\frac{a^2}{4}}-\nu\,,$$

$$\frac{1-\nu^2}{\psi_2+\nu} = \frac{(1-\nu^2)(\psi_1+\nu)}{(\psi_1+\nu)(\psi_2+\nu)} = -(\psi_1+\nu) = \frac{a}{2}-\sqrt{1-a\nu+\frac{a^2}{4}}-\nu\,,$$

$$\frac{(1-\nu^2)(\psi_2-\psi_1)}{(\psi_1+\nu)(\psi_2+\nu)} = -(\psi_2-\psi_1) = 2\sqrt{1-a\nu+\frac{a^2}{4}}\,.$$

Der Exponent a muß so gewählt werden, daß die Scheibe an der Drehachse nicht zu breit wird, da sonst die Voraussetzung gleichmäßiger Verteilung über die Breite nicht mehr genügend genau ihre Geltung behält. Bis $a = -2$ sind die sämtlichen vorkommenden Exponenten und Beiwerte in der Tafel S. 71 zusammengestellt.

Setzt man $a = 0$, so gehen die sämtlichen für die Scheibe mit hyperbelförmigem Profil entwickelten Formeln in diejenigen für die Scheibe gleicher Stärke über.

Setzt man die oben ermittelten Beziehungen in Gl. (16) ein, so wird:

$$\sigma_{ta} = \frac{\gamma}{g}\,\omega^2 r_a^2\,\frac{3+\nu}{8+(3+\nu)a}\left[-\psi_2\,\frac{\beta^{\psi_2-\psi_1}-\beta^{3-\psi_1}}{\beta^{\psi_2-\psi_1}-1}-\psi_1\,\frac{\beta^{3-\psi_1}-1}{\beta^{\psi_2-\psi_1}-1}-\frac{1+3\nu}{3+\nu}\right].$$

Ebenso wird in Gl. (18)

$$\xi_a = \frac{\gamma}{g}\,\alpha\,\omega^2 r_a^3\,\frac{3+\nu}{8+(3+\nu)a}\left[-(\psi_2+\nu)\,\frac{\beta^{\psi_2-\psi_1}-\beta^{3-\psi_1}}{\beta^{\psi_2-\psi_1}-1}-(\psi_1+\nu)\,\frac{\beta^{3-\psi_1}-1}{\beta^{\psi_2-\psi_1}-1}-\frac{1-\nu^2}{3+\nu}\right]$$

$$= \frac{\gamma}{g}\,\alpha\,\omega^2 r_a^3\,\frac{3+\nu}{8+(3+\nu)a}\left[-\psi_2\,\frac{\beta^{\psi_2-\psi_1}-\beta^{3-\psi_1}}{\beta^{\psi_2-\psi_1}-1}-\psi_1\,\frac{\beta^{3-\psi_1}-1}{\beta^{\psi_2-\psi_1}-1}-\nu-\frac{1-\nu^2}{3+\nu}\right]$$

$$= \frac{\gamma}{g}\,\alpha\,\omega^2 r_a^3\,\frac{3+\nu}{8+(3+\nu)a}\left[-\psi_2\,\frac{\beta^{\psi_2-\psi_1}-\beta^{3-\psi_1}}{\beta^{\psi_2-\psi_1}-1}-\psi_1\,\frac{\beta^{3-\psi_1}-1}{\beta^{\psi_2-\psi_1}-1}-\frac{1+3\nu}{3+\nu}\right],$$

womit die Übereinstimmung der Beiwerte in Gl. (16) und (18) nachgewiesen ist.

Zur Bestimmung der verschiedenen Potenzen von β wird zweckmäßig ein Koordinatennetz benutzt, bei dem die Abszisse gewöhnliche Teilung, die Ordinate logarithmische Teilung besitzt. Der geometrische Ort aller Potenzen eines Wertes β wird hierbei eine Gerade, die unter einem Winkel φ gegen die Abszisse geneigt ist, da eine Gleichung der Form $u = \beta^w$ ergibt: $\lg u = w \lg\beta$ oder $(\lg u)/w = \lg\beta = \operatorname{tg}\varphi$ (Abb. 113).

e) Anschluß des Kranzes und der Nabe.

Der Anschluß des Kranzes und der Nabe erfolgt grundsätzlich in der im Absch. C d angegebenen Weise.

Tafel der Veränderlichen der Scheibe mit hyperbelförmigem Profil.

a	$-0,2$	$-0,4$	$-0,6$	$-0,8$	$-1,0$	$-1,2$	$-1,4$	$-1,6$	$-1,8$	-2
$\frac{3+\nu}{8+(3+\nu)a}$	0,450	0,494	0,548	0,616	0,702	0,817	0,975	1,215	1,597	2,351
$\sqrt{1-a\nu+\frac{a^2}{4}}$	1,034	1,077	1,127	1,183	1,245	1,311	1,382	1,456	1,533	1,612
$\psi_1=-\frac{a}{2}+\sqrt{1-a\nu+\frac{a^2}{4}}$	1,134	1,277	1,427	1,583	1,745	1,911	2,082	2,256	2,433	2,612
$\psi_2=-\frac{a}{2}-\sqrt{1-a\nu+\frac{a^2}{4}}$	$-0,934$	$-0,877$	$-0,827$	$-0,783$	$-0,745$	$-0,711$	$-0,682$	$-0,656$	$-0,633$	$-0,612$
$\psi_1-1=-\left(1+\frac{a}{2}\right)+\sqrt{1-a\nu+\frac{a^2}{4}}$	0,134	0,277	0,427	0,583	0,745	0,911	1,082	1,256	1,433	1,612
$\psi_2-1=-\left(1+\frac{a}{2}\right)-\sqrt{1-a\nu+\frac{a^2}{4}}$	$-1,934$	$-1,877$	$-1,827$	$-1,783$	$-1,745$	$-1,711$	$-1,682$	$-1,656$	$-1,633$	$-1,612$
$3-\psi_1=3+\frac{a}{2}-\sqrt{1-a\nu+\frac{a^2}{4}}$	1,866	1,723	1,573	1,417	1,255	1,089	0,918	0,744	0,567	0,384
$\psi_2-\psi_1=-2\sqrt{1-a\nu+\frac{a^2}{4}}$	$-2,068$	$-2,154$	$-2,254$	$-2,366$	$-2,490$	$-2,622$	$-2,764$	$-2,912$	$-3,066$	$-3,224$
$2+\psi_2-\psi_1=2\left(1-\sqrt{1-a\nu+\frac{a^2}{4}}\right)$	$-0,068$	$-0,154$	$-0,254$	$-0,366$	$-0,490$	$-0,622$	$-0,764$	$-0,912$	$-1,066$	$-1,224$
$3+\psi_2-\psi_1=2\left(1,5-\sqrt{1-a\nu+\frac{a^2}{4}}\right)$	0,932	0,846	0,746	0,634	0,510	0,378	0,236	0,088	$-0,066$	$-0,224$
$\frac{1+\nu\psi_1}{\psi_1+\nu}=\frac{a}{2}+\sqrt{1-a\nu+\frac{a^2}{4}}=-\psi_2$	0,934	0,877	0,827	0,783	0,745	0,711	0,682	0,656	0,633	0,612
$\frac{1+\nu\psi_2}{\psi_2+\nu}=\frac{a}{2}-\sqrt{1-a\nu+\frac{a^2}{4}}=-\psi_1$	$-1,134$	$-1,277$	$-1,427$	$-1,583$	$-1,745$	$-1,911$	$-2,082$	$-2,256$	$-2,433$	$-2,612$
$\frac{1-\nu^2}{\psi_1+\nu}=\frac{a}{2}+\sqrt{1-a\nu+\frac{a^2}{4}}-\nu$	0,634	0,577	0,527	0,483	0,445	0,411	0,382	0,356	0,333	0,312
$\frac{1-\nu^2}{\psi_2+\nu}=\frac{a}{2}-\sqrt{1-a\nu+\frac{a^2}{4}}-\nu$	$-1,434$	$-1,577$	$-1,727$	$-1,883$	$-2,045$	$-2,211$	$-2,382$	$-2,556$	$-2,733$	$-2,912$
$\frac{(1-\nu^2)(\psi_2-\psi_1)}{(\psi_1+\nu)(\psi_2+\nu)}=2\sqrt{1-a\nu+\frac{a^2}{4}}$	2,068	2,154	2,254	2,366	2,490	2,622	2,764	2,912	3,066	3,224

Es ergibt sich die Gesamtspannung am Außenrand der hyperbelförmigen Scheibe

$$\sum (\sigma_{ra}) = \sigma_k ,$$

ferner durch Addition der Gl. (16), (28) und (41)

$$\sum (\sigma_{ta}) = \sigma_{ta} + \sigma_{tka} + \sigma_{tna} = k_1 \cdot \frac{\gamma}{g} \omega^2 \cdot r_a^2 + k_4 \cdot \sigma_k + k_8 \cdot \sigma_n \tag{45}$$

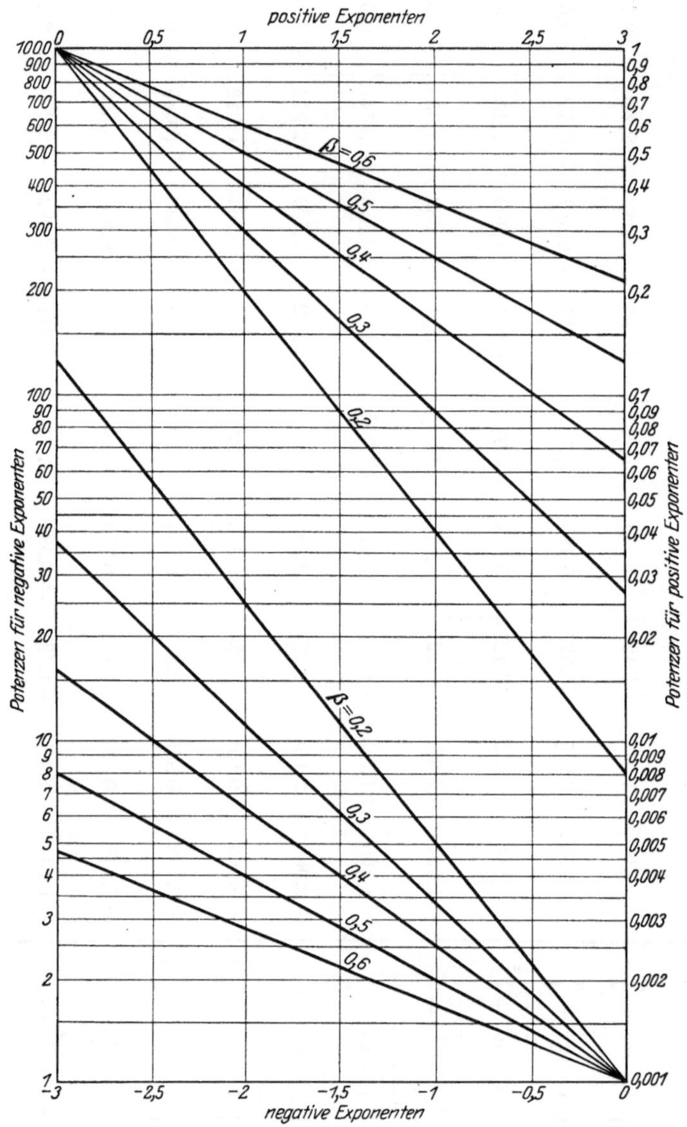

Abb. 113. Bestimmung der Potenzen für Scheiben mit hyperbelförmigem Profil.

und die Ausweitung durch Addition der Gl. (18), (30) und (43)

$$\sum (\xi_a) = \xi_a + \xi_{ka} + \xi_{na} = k_1 \cdot \alpha \cdot \frac{\gamma}{g} \omega^2 \cdot r_a^3 + k_6 \cdot \alpha \cdot r_a \cdot \sigma_k + k_8 \cdot \alpha \cdot r_a \cdot \sigma_n \cdot \tag{46}$$

Ferner am Innenrand:

$$\sum (\sigma_{rn}) = \sigma_n ,$$

durch Addition der Gl. (17), (29) und (42)

$$\sum (\sigma_{ti}) = \sigma_{ti} + \sigma_{tki} + \sigma_{tni} = k_2 \cdot \frac{\gamma}{g} \omega^2 \cdot r_a^2 + k_5 \cdot \sigma_k + k_9 \cdot \sigma_n \tag{47}$$

und durch Addition der Gl. (19), (31) und (44) die entsprechende Ausweitung:

$$\sum(\xi_i) = \xi_i + \xi_{ki} + \xi_{ni} = k_3 \cdot \alpha \cdot \frac{\gamma}{g}\,\omega^2 \cdot r_a^3 + k_7 \cdot \alpha \cdot r_a \cdot \sigma_k + k_{10} \cdot \alpha \cdot r_a \cdot \sigma_n \,. \tag{48}$$

Die für den Kranz und die Nabe maßgebenden Gleichungen unterscheiden sich von den in Abschnitt C d für die Scheibe gleicher Stärke entwickelten nur dadurch, daß die Stärke am Kranz y_k und an der Nabe y_n statt y einzusetzen ist.

Es ist also am Kranz entsprechend den Gl. (30), (30 a) und (31) des Abschnittes C d die gesamte radiale Kranzspannung:

$$\sigma_{rKr} = \sigma_{rs} + \frac{\gamma}{g}\,\delta_k\, r_{0k}\,\omega^2 - \sigma_k \frac{y_k}{b_k}\,; \tag{49}$$

die gesamte tangentiale Kranzspannung:

$$\sigma_{tKr} = \sigma_{rs} \frac{r_{0k}}{\delta_k} + \frac{\gamma}{g}\, r_{0k}^2\,\omega^2 - \sigma_k \frac{y_k}{b_k}\,\frac{r_a}{\delta_k}\,; \tag{49a}$$

die Ausweitung an der Anschlußstelle des Kranzes an die Scheibe:

$$\begin{aligned} \xi_A &= \alpha\, r_a (\sigma_{tKr} - \nu\,\sigma_{rKr}) \\ &= \alpha\, r_a \left[\sigma_{rs}\left(\frac{r_{0k}}{\delta_k} - \nu\right) + \frac{\gamma}{g}\, r_{0k}\,\omega^2 (r_{0k} - \nu\,\delta_k) - \sigma_k \frac{y_k}{b_k}\left(\frac{r_a}{\delta_k} - \nu\right)\right]. \end{aligned} \tag{50}$$

Da diese Stelle sowohl dem Kranz als der Scheibe angehört, muß sein:

$$\sum(\xi_a) = \alpha\left[k_1 \cdot \frac{\gamma}{g}\,\omega^2 \cdot r_a^3 + k_6 \cdot r_a \cdot \sigma_k + k_8 \cdot r_a \cdot \sigma_n\right] = \xi_A \,.$$

Ebenso ist an der Nabe entsprechend den Gl. (34), (34a) und (35) des Abschnittes C d:

$$\sigma_{rNb} = p_i \frac{r_n}{r_{0n}} + \frac{\gamma}{g}\,\delta_n\, r_{0n}\,\omega^2 + \sigma_n \frac{y_n}{b_n}\,, \tag{51}$$

$$\sigma_{tNb} = p_i \frac{r_n}{\delta_n} + \frac{\gamma}{g}\, r_{0n}^2\,\omega^2 + \sigma_n \frac{y_n}{b_n}\,\frac{r_i}{\delta_n} \tag{51a}$$

und die Ausweitung:

$$\xi_B = \alpha\, r_i \left[p_i\, r_n \left(\frac{1}{\delta_n} - \nu\,\frac{1}{r_{0n}}\right) + \frac{\gamma}{g}\, r_{0n}\,\omega^2 (r_{0n} - \nu\,\delta_n) + \sigma_n \frac{y_n}{b_n}\left(\frac{r_i}{\delta_n} - \nu\right)\right]. \tag{52}$$

Auch hier muß sein: $\xi_B = \sum(\xi_i)$.

Als Unbekannte sind in den Gl. (50) und (52) vorhanden σ_k und σ_n. Aus den Gl. (45) und (47) folgen dann die Randspannungen: $\sum(\sigma_{ta})$ und $\sum(\sigma_{ti})$, von denen im allgemeinen $\sum(\sigma_{ti})$ maßgebend ist, da über die Scheibe gleicher Festigkeit hinauszugehen keine Veranlassung vorliegen dürfte.

Bei genauerer Berechnung ist die Nabe als Scheibe gleicher Stärke zu behandeln. Da dann $\sigma_n/\sigma_{rNba} = b_n/y_n$ ist, ergibt Gl. (28) (Abschnitt C c) mit entsprechend geänderten Bezeichnungen:

$$\begin{aligned} \xi_B = \alpha\, r_i &\left\{\frac{1}{4}\,\frac{\gamma}{g}\,\omega^2 \left[(3+\nu)\, r_n^2 + (1-\nu)\, r_i^2\right]\right. \\ &\left.+ \sigma_n \frac{y_n}{b_n}\,\frac{1}{r_i^2 - r_n^2}\left[(1-\nu)\, r_i^2 + (1+\nu)\, r_n^2\right] + 2 p_i \frac{r_n^2}{r_i^2 - r_n^2}\right\}. \end{aligned} \tag{52a}$$

Dieser Wert muß gleich dem an der Scheibe gem. Gl. (48) vorhandenen

$$\sum(\xi_i) = \alpha\left[k_3 \cdot \frac{\gamma}{g}\,\omega^2 \cdot r_a^3 + k_7 \cdot r_a \cdot \sigma_k + k_{10} \cdot r_a \cdot \sigma_n\right] = \xi_B$$

sein.

Gl. (50) und (52 a) ergeben dann σ_k und σ_n.

Bei entsprechender Form kann statt dessen auch mit einer hyperbelförmigen Scheibe von kleinerem Exponenten gerechnet werden. Die Beanspruchungen am Kranz ergeben sich nach Gl. (49) und (49a), diejenigen der Scheibe nach den Gl. (45) und (47).

Die Beanspruchungen an der Nabe sind entsprechend Gl. (27) und (27a) (Abschnitt C c) mit den geänderten Bezeichnungen:

$$\sigma_{tNba} = \frac{1}{4}\,\frac{\gamma}{g}\,\omega^2\,[(3+\nu)\,r_n^2 + (1-\nu)\,r_i^2] + \sigma_{rNba}\frac{r_i^2 + r_n^2}{r_i^2 - r_n^2} + 2\,p_i\,\frac{r_n^2}{r_i^2 - r_n^2} \tag{53}$$

und

$$\sigma_{tNbi} = \frac{1}{4}\,\frac{\gamma}{g}\,\omega^2\,[(3+\nu)\,r_i^2 + (1-\nu)\,r_n^2] + 2\,\sigma_{rNba}\frac{r_i^2}{r_i^2 - r_n^2} + p_i\,\frac{r_i^2 + r_n^2}{r_i^2 - r_n^2}\,. \tag{53a}$$

Das ganze Verfahren eignet sich zur Untersuchung gegebener Scheiben mit bestimmtem Exponenten a. Bei dem Entwurf einer Laufscheibe ist a als die eigentliche Unbekannte zu betrachten. Die Rechnung muß daher, um befriedigende Ergebnisse zu erzielen, d. h. um die Spannung an keiner Stelle über die in Abschnitt C d angegebenen zulässigen zu steigern, unter Umständen mehrmals wiederholt werden, wobei die Kurven (Abb. 112) wenigstens einen Anhalt für die Größenordnung gestatten. Scheiben mit beliebigem Profil können in einzelne Stücke, deren Form durch Hyperbeln angenähert werden kann, zerlegt und die Spannungen an den Übergangsstellen errechnet werden. Außer den rechnerischen sind zeichnerische Verfahren im Gebrauch, wobei besonders auf das Verfahren von Donath[1]) verwiesen sei.

f) Beispiel.

Der in Abb. 82 dargestellte Schaufelkranz soll von einer hyperbelförmigen Laufscheibe mit dem Exponenten $a = -1{,}2$ getragen werden, die übrigen Abmessungen[2]) bleiben bestehen, jedoch soll die Nabe 14 cm breit sein. Die Scheibenstärken ergeben sich entsprechend Abb. 111 oder Gl. (1b), die Größen der Beiwerte k_1 bis k_{10} ergeben sich durch Interpolation aus Abb. (112) oder entsprechend den Gl. (16), (17), (19), (28), (29), (30), (31), (41), (42), (44) zu:

$k_1 = 0{,}224$; $k_2 = 0{,}636$; $k_3 = 0{,}23$; $k_4 = 0{,}912$; $k_5 = 1{,}135$; $k_6 = 0{,}612$; $k_7 = 0{,}411$; $k_8 = -0{,}498$; $k_9 = -2{,}11$; $k_{10} = -0{,}87$.

Gemäß Gl. (46) und (50) ist unter Forthebung von $\alpha\,r_a$:

$$\sigma_{rs}\left(\frac{r_{0k}}{\delta_k} - \nu\right) + \frac{\gamma}{g}\,r_{0k}\,\omega^2(r_{0k} - \nu\,\delta_k) - \sigma_k\,\frac{y_k}{b_k}\left(\frac{r_a}{\delta_k} - \nu\right) = k_1\cdot\frac{\gamma}{g}\,\omega^2\cdot r_a^2 + k_6\cdot\sigma_k + k_8\cdot\sigma_n\,,$$

$$196\left(\frac{57{,}5}{3{,}15} - 0{,}3\right) + 0{,}805\cdot 57{,}5\,(57{,}5 - 0{,}3\cdot 3{,}15) - \sigma_k\cdot\frac{1{,}4}{4}\left(\frac{55}{3{,}15} - 0{,}3\right)$$
$$= 0{,}224\cdot 0{,}805\cdot 55^2 + 0{,}612\,\sigma_k - 0{,}498\,\sigma_n\,,$$

hieraus:

$$6{,}612\,\sigma_k - 0{,}498\,\sigma_n = 5585;\quad \sigma_n = 13{,}30\,\sigma_k - 11200\,.$$

Gemäß Gl. (48) und (52a) ist unter Forthebung von α:

$$r_i\left\{\frac{1}{4}\,\frac{\gamma}{g}\,\omega^2\,[(3+\nu)\,r_n^2 + (1-\nu)\,r_i^2] + \sigma_n\,\frac{y_n}{b_n}\,\frac{1}{r_i^2 - r_n^2}\,[(1-\nu)\,r_i^2 + (1+\nu)\,r_n^2] + 2\,p_i\,\frac{r_n^2}{r_i^2 - r_n^2}\right\}$$
$$= k_3\cdot\frac{\gamma}{g}\,\omega^2\cdot r_a^3 + k_7\cdot r_a\cdot\sigma_k + k_{10}\cdot r_a\cdot\sigma_n\,,$$

demnach:

$$20\left\{\frac{1}{4}\cdot 0{,}805\,(3{,}3\cdot 144 + 0{,}7\cdot 400) + \sigma_n\cdot\frac{5{,}06}{14}\,\frac{0{,}7\cdot 400 + 1{,}3\cdot 144}{256} + 2\cdot 50\cdot\frac{144}{256}\right\}$$
$$= 0{,}23\cdot 0{,}805\cdot 55^3 + 0{,}411\cdot 55\,\sigma_k - 0{,}87\cdot 55\cdot\sigma_n\,,$$

woraus:

$$60{,}92\,\sigma_n - 22{,}6\,\sigma_k = 26657;\quad \sigma_n = 439 + 0{,}372\,\sigma_k\,.$$

Aus den beiden Gleichungen für σ_n ergibt sich durch Gleichsetzen:

$$\sigma_k = 903\ \text{kg/cm}^2 \quad\text{und}\quad \sigma_n = 774\ \text{kg/cm}^2\,.$$

---

[1]) Die Berechnung rotierender Scheiben und Ringe. Berlin: Julius Springer 1912.
[2]) Vgl. Abb. 110.

Nunmehr folgen die Spannungen an den einzelnen Stellen. Am Kranz ist nach Gl. (49) und (49a):

$$\sigma_{rKr} = 196 + 0{,}805 \cdot 57{,}5 \cdot 3{,}15 - 903 \cdot \frac{1{,}4}{4} = 27 \text{ kg/cm}^2,$$

$$\sigma_{tKr} = 196 \cdot \frac{57{,}5}{3{,}15} + 0{,}805 \cdot 57{,}5^2 - 903 \cdot \frac{1{,}4}{4} \cdot \frac{55}{3{,}15} = 720 \text{ kg/cm}^2.$$

An der Anschlußstelle der Scheibe an den Kranz ist:

$$\sigma_{ra} = \sigma_k = 903 \text{ kg/cm}^2$$

und nach Gl. (45), S. 72,

$$\sum(\sigma_{ta}) = 0{,}224 \cdot 0{,}805 \cdot 55^2 + 0{,}912 \cdot 903 - 0{,}498 \cdot 774 = 984 \text{ kg/cm}^2.$$

An der Anschlußstelle der Scheibe an die Nabe ist:

$$\sigma_{ri} = \sigma_n = 774 \text{ kg/cm}^2$$

und nach Gl. (47), S. 72,

$$\sum(\sigma_{ti}) = 0{,}636 \cdot 0{,}805 \cdot 55^2 + 1{,}135 \cdot 903 - 2{,}11 \cdot 774 = 945 \text{ kg/cm}^2.$$

Endlich sind die Spannungen am Außenrand der Nabe:

$$\sigma_{rNba} = \sigma_n \frac{y_n}{b_n} = 774 \frac{5{,}06}{14} = 280 \text{ kg/cm}^2,$$

nach Gl. (53), S. 74:

$$\sigma_{tNba} = \frac{1}{4} \cdot 0{,}805\,(3{,}3 \cdot 144 + 0{,}7 \cdot 400) + 280 \cdot \frac{400 + 144}{256} + 2 \cdot 50 \cdot \frac{144}{256} = 801 \text{ kg/cm}^2,$$

sowie am Innenrand der Nabe:

$$\sigma_{rNbi} = p_i = 50 \text{ kg/cm}^2$$

und nach Gl. (53a), S. 74,

$$\sigma_{tNbi} = \frac{1}{4} \cdot 0{,}805\,(3{,}3 \cdot 400 + 0{,}7 \cdot 144) + 2 \cdot 280 \cdot \frac{400}{256} + 50\,\frac{400 + 144}{256} = 1267 \text{ kg/cm}^2.$$

Die Kurve der Spannungen kann aus den Gl. (12b), (12c), (22b) und (22c), (34a), (35a) errechnet werden. Unter Einsetzung der Werte, die sich aus der Tabelle S. 71 für $a = -1{,}2$ ergeben, sowie der bereits errechneten, wird mit $\beta = r_i/r_a = 20/55 = 0{,}363$:

$$\sigma_r = 0{,}805 \cdot 55^2 \cdot 0{,}817 \left[\frac{0{,}363^{-2{,}622} - 0{,}363^{1{,}089}}{0{,}363^{-2{,}622} - 1}\varkappa^{0{,}911} + \frac{0{,}363^{1{,}089} - 1}{0{,}363^{-2{,}622} - 1}\varkappa^{-1{,}711} - \varkappa^2\right]$$

$$= 1988\left[\frac{14{,}12 - 0{,}324}{13{,}12}\varkappa^{0{,}911} + \frac{0{,}324 - 1}{13{,}12}\varkappa^{-1{,}711} - \varkappa^2\right] = 2095\varkappa^{0{,}911} - 102{,}3\varkappa^{-1{,}711} - 1988\varkappa^2;$$

$$\sigma_t = 1988\left[0{,}711 \cdot \frac{14{,}12 - 0{,}324}{13{,}12}\varkappa^{0{,}911} - 1{,}911\,\frac{0{,}324 - 1}{13{,}12}\varkappa^{-1{,}711} - 0{,}576\,\varkappa^2\right]$$

$$= 1486\,\varkappa^{0{,}911} + 196\,\varkappa^{-1{,}711} - 1146\,\varkappa^2;$$

$$\sigma_{rk} = \left(\frac{14{,}12}{13{,}12}\varkappa^{0{,}911} - \frac{1}{13{,}12}\varkappa^{-1{,}711}\right) 903 = 972\,\varkappa^{0{,}911} - 68{,}8\,\varkappa^{-1{,}711};$$

$$\sigma_{tk} = \left(\frac{0{,}711 \cdot 14{,}12}{13{,}12}\varkappa^{0{,}911} + \frac{1{,}911}{13{,}12}\varkappa^{-1{,}711}\right) 903 = 692\,\varkappa^{0{,}911} + 131{,}5\,\varkappa^{-1{,}711};$$

$$\sigma_{rn} = \frac{\varkappa^{-1{,}711} - \varkappa^{0{,}911}}{0{,}363^{-1{,}711} - 0{,}363^{0{,}911}} \cdot 774 = \frac{\varkappa^{-1{,}711} - \varkappa^{0{,}911}}{5{,}68 - 0{,}397} \cdot 774 = -146{,}5\,\varkappa^{0{,}911} + 146{,}5\varkappa^{-1{,}711};$$

$$\sigma_{tn} = \frac{-1{,}911\,\varkappa^{-1{,}711} - 0{,}711 \cdot \varkappa^{0{,}911}}{5{,}68 - 0{,}397}\,774 = -104{,}2\,\varkappa^{0{,}911} - 280\,\varkappa^{-1{,}711}.$$

Die Addition dieser Gleichungen ergibt:

$$\sum(\sigma_r) = 2920{,}5\,\varkappa^{0{,}911} - 24{,}6\,\varkappa^{-1{,}711} - 1988\,\varkappa^2,$$

$$\sum(\sigma_t) = 2073{,}8\,\varkappa^{0{,}911} + 47{,}5\,\varkappa^{-1{,}711} - 1146\,\varkappa^2.$$

Für verschiedene Radien $x = \varkappa\, r_a$ ergibt sich nachstehende Tabelle:

x	0,50	0,45	0,40	0,35	0,30	0,25
$\varkappa$	0,909	0,818	0,727	0,636	0,545	0,454
$\varkappa^{0,911}$	0,917	0,833	0,748	0,663	0,573	0,487
$\varkappa^{-1,711}$	1,225	1,406	1,795	2,161	2,825	3,862
$\varkappa^2$	0,826	0,669	0,529	0,404	0,297	0,206
$\Sigma(\sigma_r)$	1000	1062	1089	1082	1014	914
$\Sigma(\sigma_t)$	1013	1030	1030	1016	983	957

Der genaue Spannungsverlauf in der Nabe ergibt sich aus den Gl. (8) und (8a) (Abschn. C b), (16) und (16a) sowie (23) und (23a) (Abschn. C c), da die Nabe als Scheibe gleicher Stärke zu betrachten ist. Unter Einsetzung von

$$r_a = 20\,, \qquad \beta = \frac{r_i}{r_a} = \frac{12}{20} = 0{,}6\,, \qquad \sigma_k = 280\,, \qquad \sigma_n = -50$$

wird:

$$\sigma_r = \frac{3{,}3}{8}\cdot 0{,}805\cdot 400\left(1 + 0{,}36 - \frac{0{,}36}{\varkappa^2} - \varkappa^2\right) = 181 - \frac{47{,}8}{\varkappa^2} - 133\cdot\varkappa^2\,,$$

$$\sigma_t = \frac{3{,}3}{8}\, 0{,}805\cdot 400\left(1 + 0{,}36 + \frac{0{,}36}{\varkappa^2} - 0{,}576\,\varkappa^2\right) = 181 + \frac{47{,}8}{\varkappa^2} - 77\,\varkappa^2\,,$$

$$\sigma_{rk} = 280\,\frac{1}{1-0{,}36}\left(1 - \frac{0{,}36}{\varkappa^2}\right) = 438 - \frac{158}{\varkappa^2}\,,$$

$$\sigma_{tk} = 280\,\frac{1}{1-0{,}36}\left(1 + \frac{0{,}36}{\varkappa^2}\right) = 438 + \frac{158}{\varkappa^2}\,,$$

$$\sigma_{rn} = -50\,\frac{0{,}36}{1-0{,}36}\left(\frac{1}{\varkappa^2} - 1\right) = 28 - \frac{28}{\varkappa^2}\,,$$

$$\sigma_{tn} = 50\,\frac{0{,}36}{1-0{,}36}\left(1 + \frac{1}{\varkappa^2}\right) = 28 + \frac{28}{\varkappa^2}\,.$$

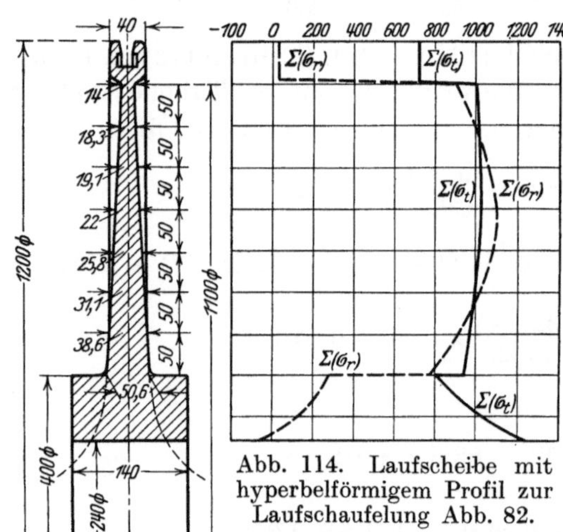

Abb. 114. Laufscheibe mit hyperbelförmigem Profil zur Laufschaufelung Abb. 82.

Die Addition ergibt:

$$\sum(\sigma_r) = 647 - 234\,\frac{1}{\varkappa^2} - 133\,\varkappa^2\,,$$

$$\sum(\sigma_t) = 647 + 234\,\frac{1}{\varkappa^2} - 77\,\varkappa^2\,.$$

Für einige Zwischenwerte $x = \varkappa\, r_a$ ergibt sich dann:

$x = 20\,,\quad \sum(\sigma_r) = 234\,,\quad \sum(\sigma_t) = 874\,,$

$x = 18\,,\quad \sum(\sigma_r) = 184\,,\quad \sum(\sigma_t) = 963\,,$

$x = 16\,,\quad \sum(\sigma_r) = 94\,,\quad \sum(\sigma_t) = 1087\,.$

Damit ist der Spannungsverlauf in der ganzen Scheibe entsprechend Abb. 114 bestimmt.

VI. Berechnung der Welle.

Die Welle ist zunächst auf Biegung und Verdrehung zu berechnen, wobei das ideelle Moment nach Bach:

$$M_i = 0{,}35\,M_b + 0{,}65\sqrt{M_b^2 + M_d^2} = \frac{\pi}{32}\,d^3\cdot\sigma'_{\text{zul}} \tag{1}$$

oder nach Guest-Mohr:

$$M_i = \frac{1}{2}\sqrt{M_b^2 + M_d^2} = \frac{\pi}{32}\,d^3\cdot\tau_{\text{zul}} \tag{1a}$$

zu rechnen ist. Erheblich maßgebender als die Beanspruchung ist aber für die Abmessungen die Durchbiegung und insbesondere die kritische Geschwindigkeit, die unabhängig von der Beanspruchung durch rein dynamische Wirkung der Belastung hervorgerufen wird.

A. Kritische Umlaufzahl eines Einzelrades auf gewichtsloser Welle.

Sitzt entsprechend Abb. 115 ein einzelnes Rad vom Gewichte G auf einer Welle, deren Gewicht vernachlässigt sein soll, so biegt sich die Welle um den Betrag y durch. Hat der Schwerpunkt des ganzen Systems von vornherein eine Exzentrizität e, so entsteht eine Zentrifugalkraft im Betrage: $C = (G/g)\,(y + e)\,\omega^2$

Wird die Welle durch eine Kraft k um den Betrag 1 cm durchgebogen, so bewirkt die Kraft $k \cdot y$ eine Durchbiegung y. Es ist demnach:

$$C = \frac{G}{g}(y + e)\,\omega^2 = k \cdot y \quad \text{und} \quad y\left(k - \frac{G}{g}\,\omega^2\right) = \frac{G}{g}\,e\,\omega^2\,,$$

woraus folgt:

$$y = \frac{\frac{G}{g}\cdot e\,\omega^2}{k - \frac{G}{g}\,\omega^2} \qquad (2)$$

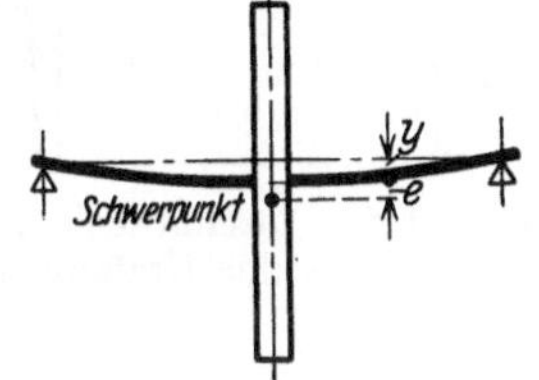

Abb. 115. Gewichtslose Welle mit Scheibe in der Mitte.

Bei einer bestimmten Winkelgeschwindigkeit ω_k wird der Nenner:

$$k - \frac{G}{g}\,\omega_k^2 = 0 \quad \text{und} \quad k = \frac{G}{g}\,\omega_k^2; \qquad (2\text{a})$$

die Durchbiegung wird also $y = \infty$, d. h. die Welle kommt zum Bruch, wenn die Durchbiegung sich in voller Größe ausbilden kann. Die hierbei auftretende Winkelgeschwindigkeit ist die kritische Geschwindigkeit:

$$\omega_k = \sqrt{\frac{g\,k}{G}}\,. \qquad (3)$$

Die entstehende kritische Umlaufzahl ist:

$$n_k = \frac{30\,\omega_k}{\pi} = \frac{30}{\pi}\sqrt{\frac{g\,k}{G}}\,. \qquad (3\text{a})$$

Es ist einzusetzen: $g = 981$ cm/sek², so daß wird:

$$n_k = \backsim 300\sqrt{\frac{k}{G}}\,. \qquad (3\text{b})$$

Setzt man Gl. (2a) in Gl. (2) ein, so entsteht:

$$y = \frac{\omega^2}{\omega_k^2 - \omega^2}\,e = \frac{1}{\left(\frac{\omega_k}{\omega}\right)^2 - 1}\,e = \frac{1}{\left(\frac{n_k}{n}\right)^2 - 1}\,e = \frac{\left(\frac{n}{n_k}\right)^2}{1 - \left(\frac{n}{n_k}\right)^2}\,e\,.$$

Die Gesamtdurchbiegung ist:

$$y + e = \left[\frac{\left(\frac{n}{n_k}\right)^2}{1 - \left(\frac{n}{n_k}\right)^2} + 1\right]e = \frac{1}{1 - \left(\frac{n}{n_k}\right)^2}\,e = k_0 \cdot e\,.$$

Die in Abb. 116 aufgetragene Abhängigkeit des Wertes k_0 von n/n_k zeigt die Zunahme der Gesamtdurchbiegung mit steigender Umlaufzahl; bei $n = n_k$ ist sie unendlich, um dann immer kleiner werdende negative Werte anzunehmen, die sich asymptotisch dem Wert 0 nähern. Bei überkritischer Geschwindigkeit verschwindet also auch die ursprüngliche Exzentrizität e.

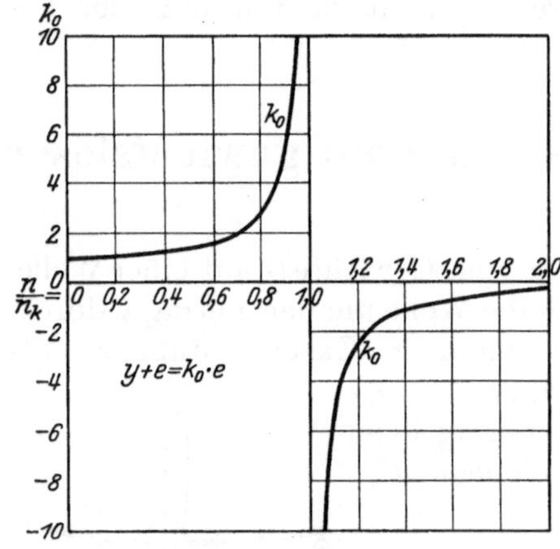

Abb. 116. Gesamtauslenkung abh. von der Umlaufzahl.

Die zur Durchbiegung y gehörende Kraft war ky; im Ruhezustand wird die Welle durch das Scheibengewicht G um den Betrag f durchgebogen; es ist also hierfür $k \cdot f = G$ oder $k/G = 1/f$, womit sich ergibt:

$$\omega_k = \sqrt{\frac{g}{f}} \quad \text{und} \quad n_k = \frac{300}{\sqrt{f}}. \quad (4 \text{ u. } 4\text{a})$$

Die kritische Umlaufzahl ist also abhängig von der Durchbiegung im Ruhezustand, die je nach der Art der Auflagerung verschieden ausfällt.

Wird die Welle auf beiden Seiten frei gelagert, und in der Mitte belastet, so ist:

$$f = \frac{\alpha \cdot G}{J} \frac{l^3}{48}.$$

Mit $\alpha = \frac{1}{2200000}$ und $J = \frac{\pi d^4}{64}$ wird:

$$\sqrt{\frac{J}{\alpha \cdot G} \cdot \frac{1}{l^3}} = \sqrt{\frac{\pi \cdot 2200000}{64}} \cdot \frac{d^2}{l\sqrt{Gl}} = 328{,}6\,\frac{d^2}{l\sqrt{Gl}}$$

und:

$$n_k = 300 \cdot 328{,}6\,\sqrt{48} \cdot \frac{d^2}{l\sqrt{Gl}} = 6{,}83 \cdot 10^5\,\frac{d^2}{l\sqrt{Gl}}$$

oder:

$$d = 1{,}22 \cdot 10^{-3}\,\sqrt{n_k l}\,\sqrt[4]{Gl}, \quad (5)$$

wobei l in cm. Die kritische Umlaufzahl wird vergrößert durch Vergrößerung von d, verkleinert durch Vergrößerung von l.

Für beiderseits eingespannte Welle ist:

$$f = \frac{\alpha \cdot G}{J} \frac{l^3}{192}$$

und entsprechend:

$$n_k = 300 \cdot 328{,}6 \cdot \sqrt{192}\,\frac{d^2}{l\sqrt{Gl}} = 1{,}366 \cdot 10^6\,\frac{d^2}{l\sqrt{Gl}}$$

oder:

$$d = 8{,}56 \cdot 10^{-4}\,\sqrt{n_k l}\,\sqrt[4]{Gl}. \quad (6)$$

Für eine überhängende Welle, auf der das Rad fliegend angeordnet ist, ist endlich:

$$f = \frac{\alpha \cdot G}{J} \frac{l^3}{3}$$

und:

$$n_k = 300 \cdot 328{,}6\,\sqrt{3} \cdot \frac{d^2}{l\sqrt{Gl}} = 1{,}708 \cdot 10^5\,\frac{d^2}{l\sqrt{Gl}}$$

oder:

$$d = 2{,}42 \cdot 10^{-3}\,\sqrt{n_k l}\,\sqrt[4]{Gl}. \quad (7)$$

Wenn die Verlagerung des Schwerpunktes $e = 0$ ist, so ist gemäß Gl. (2) für jede Umlaufzahl $y = 0$, d. h. eine Ausbiegung tritt nicht ein; beim Durchlaufen der kritischen Umlaufzahl wird aber $y = 0/0$, die Welle befindet sich in einem indifferenten Gleichgewichtszustand, bei dem eine geringe Störung genügt, die Ausbiegung bis zu einer gefährlichen Größe anwachsen zu lassen, die zum Bruch führen kann, wenn sie nicht durch Buchsen abgefangen wird oder die Steigerung der Umlaufzahl sehr schnell vor sich geht. Beim Durchgang durch die kritische Umlaufzahl geht die Drehachse der Welle aus der geometrischen Achse in die Schwerachse über, so daß der Gang bei überkritischer Drehzahl sogar ruhiger als vorher wird.

B. Kritische Umlaufzahl glatter Wellen.

Bei einer glatten Welle entsprechend Abb. 117 beträgt das Gewicht je Längeneinheit $\gamma(\pi d^2/4)$, die Masse je Längeneinheit $(\gamma/g)(\pi d^2/4)$, die Masse eines Stückes von der Länge dx beträgt: $(\gamma/g)(\pi d^2/4)\,dx$; die Fliehkraft eines solchen Stückes ist, wenn die Verlagerung des Schwerpunktes e beträgt und die Durchbiegung y vorhanden ist:

$$dC = \frac{\gamma}{g}\,\frac{\pi d^2}{4}\,dx\,(y + e)\,\omega^2.$$

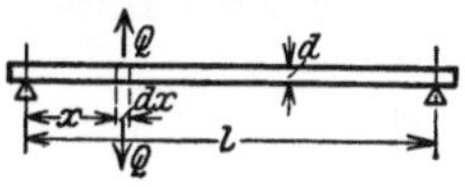

Abb. 117. Glatte Welle.

Der Zuwachs dQ der Querkraft Q für die Länge dx beträgt:

$$dQ = dC = \frac{\pi d^2}{4}\,dx\,(y + e)\,\omega^2,$$

demnach ist:

$$\frac{dQ}{dx} = \frac{\gamma}{g}\,\frac{\pi d^2}{4}\,(y + e)\,\omega^2.$$

Die Zunahme des Biegungsmomentes für die Strecke dx beträgt $dM = Q\,dx$, es ist also:

$$Q = \frac{dM}{dx}$$

und:

$$\frac{dQ}{dx} = \frac{d^2 M}{dx^2} = \frac{\gamma}{g}\,\frac{\pi d^2}{4}\,(y + e)\,\omega^2. \tag{1}$$

Die Gleichung der Biegungslinie ist:

$$\frac{d^2 y}{dx^2} = \alpha\,\frac{M}{J},$$

woraus sich ergibt:

$$M = \frac{J}{\alpha}\,\frac{d^2 y}{dx^2} \tag{2}$$

und:

$$Q = \frac{dM}{dx} = \frac{J}{\alpha}\,\frac{d^3 y}{dx^3}. \tag{3}$$

Weiter ist:

$$\frac{d^2 M}{dx^2} = \frac{d^2\left(\frac{J}{\alpha}\,\frac{d^2 y}{dx^2}\right)}{dx^2} = \frac{J}{\alpha}\,\frac{d^4 y}{dx^4} = \frac{\gamma}{g}\,\frac{\pi d^2}{4}\,(y + e)\,\omega^2. \tag{4}$$

Setzt man ein $J = (\pi d^4)/64$, so wird

$$\frac{d^4 y}{dx^4} = 16\alpha\,\frac{1}{d^2}\,\frac{\gamma}{g}\,(y + e)\,\omega^2. \tag{5}$$

Für eine *glatte* Welle wird die Verlagerung des Schwerpunktes so gering sein, daß $e = 0$ gesetzt werden kann, so daß

$$\frac{d^4 y}{dx^4} = 16\alpha\,\frac{1}{d^2}\,\frac{\gamma}{g}\,y\,\omega^2 \tag{5a}$$

wird.

Die Lösung ergibt sich aus dem Ansatz:

$$y = c\,e^{\psi x}, \tag{6}$$

dessen vierte Ableitung:

$$\frac{d^4 y}{dx^4} = c\,\psi^4 e^{\psi x}$$

ist.

In Gl. (5a) eingesetzt, wird nunmehr:

$$c\,\psi^4 e^{\psi x} = 16\,\alpha\,\frac{1}{d^2}\,\frac{\gamma}{g}\,c\,e^{\psi x}\omega^2$$

oder:

$$\psi^4 = 16\,\alpha\,\frac{\gamma}{g}\,\frac{\omega^2}{d^2}\,. \tag{7}$$

Diese Gleichung hat vier Wurzeln, nämlich:

$$\psi_1 = +2\sqrt{\frac{\omega}{d}}\sqrt[4]{\alpha\,\frac{\gamma}{g}}\,; \tag{8}$$

$$\psi_2 = -\psi_1; \quad \psi_3 = i\,\psi_1; \quad \psi_4 = -i\,\psi_1\,.$$

Das vollständige Integral der Gl. (5a) ist mithin:

$$y = c_1 e^{\psi_1 x} + c_2 e^{-\psi_1 x} + c_3 e^{i\psi_1 x} + c_4 e^{-i\psi_1 x}. \tag{9}$$

Es wird nun gesetzt:

$$e^{i\psi_1 x} = \cos\psi_1 x + i\sin\psi_1 x$$

und

$$e^{-i\psi_1 x} = \cos\psi_1 x - i\sin\psi_1 x\,,$$

so daß Gl. (9) die Form erhält:

$$y = c_1 e^{\psi_1 x} + c_2 e^{-\psi_1 x} + (c_3 + c_4)\cos\psi_1 x + i(c_3 - c_4)\sin\psi_1 x\,. \tag{9a}$$

Die Integrationskonstanten ergeben sich aus den Auflagerungsbedingungen der Welle. Die zu ihrer Bestimmung notwendigen Ableitungen von y sind:

$$\frac{dy}{dx} = \psi_1\left[c_1 e^{\psi_1 x} - c_2 e^{-\psi_1 x} - (c_3 + c_4)\sin\psi_1 x + i(c_3 - c_4)\cos\psi_1 x\right], \tag{10}$$

$$\frac{d^2y}{dx^2} = \psi_1^2\left[c_1 e^{\psi_1 x} + c_2 e^{-\psi_1 x} - (c_3 + c_4)\cos\psi_1 x - i(c_3 - c_4)\sin\psi_1 x\right], \tag{10a}$$

$$\frac{d^3y}{dx^3} = \psi_1^3\left[c_1 e^{\psi_1 x} - c_2 e^{-\psi_1 x} + (c_3 + c_4)\sin\psi_1 x - i(c_3 - c_4)\cos\psi_1 x\right]. \tag{10b}$$

Für eine beiderseits frei gelagerte Welle ist an den Auflagern (bei $x = 0$ und bei $x = l$) die Durchbiegung $y = 0$ und ebenso das Moment

$$M = \frac{J}{\alpha}\,\frac{d^2y}{dx^2} = 0\,,$$

also auch:

$$\frac{d^2y}{dx^2} = 0\,.$$

Es folgt für $x = 0$ aus Gl. (9a) und (10a):

$$c_1 + c_2 + c_3 + c_4 = 0\,,$$

$$c_1 + c_2 - (c_3 + c_4) = 0\,.$$

Durch Addition wird:

$$c_1 + c_2 = 0; \quad c_1 = -c_2\,. \tag{11}$$

Durch Subtraktion wird:

$$c_3 + c_4 = 0\,. \tag{12}$$

Für $x = l$ folgt aus Gl. (9a) und (10a):

$$c_1 e^{\psi_1 l} + c_2 e^{-\psi_1 l} + (c_3 + c_4)\cos\psi_1 l + i(c_3 - c_4)\sin\psi_1 l = 0$$

und

$$c_1 e^{\psi_1 l} + c_2 e^{-\psi_1 l} - (c_3 + c_4)\cos\psi_1 l - i(c_3 - c_4)\sin\psi_1 l = 0\,.$$

Aus der Addition dieser beiden Gleichungen folgt:

$$2c_1 e^{\psi_1 l} + 2c_2 e^{-\psi_1 l} = 0; \quad c_1(e^{\psi_1 l} - e^{-\psi_1 l}) = 0 \quad \text{und} \quad c_1 = 0\,.$$

Aus der Subtraktion ergibt sich:

$$2(c_3 + c_4)\cos\psi_1 l + 2i(c_3 - c_4)\sin\psi_1 l = 0$$

oder entsprechend Gl. (12):

$$i(c_3 - c_4)\sin\psi_1 l = 0\,.$$

Es muß entweder $i(c_3 - c_4) = 0$ oder $\sin \psi_1 l = 0$ sein. Wenn $\psi_1 l = 0$ ist, kann $i(c_3 - c_4)$ einen beliebigen Wert besitzen.

$\sin \psi_1 l = 0$ ist vorhanden bei $\psi_1 l = 0$; 2π; 3π usw. oder allgemein $\psi_1 l = m\pi$, wobei m eine ganze Zahl sein muß.

Der kritische Zustand der Welle stellt sich ein, wenn entsprechend Gl. (8) ist:

$$m\pi = \psi_1 l = 2l\sqrt{\frac{\omega_k}{d}}\sqrt[4]{\alpha\frac{\gamma}{g}}.$$

Hieraus wird:

$$\omega_k = m^2\frac{\pi^2}{4}\sqrt{\frac{1}{\alpha}\frac{g}{\gamma}}\frac{d}{l^2}. \tag{13}$$

Für Flußstahl und Nickelstahl mit $\alpha = \frac{1}{2200000}$ und $\gamma = 8\cdot 10^{-3}$ ergibt sich unter Einsetzung von $g = 981$ cm/sek²:

$$\omega_k = m^2\cdot 1{,}282\cdot 10^6\cdot\frac{d}{l^2} \tag{14}$$

oder

$$n_k = m^2\cdot 1{,}225\cdot 10^7\frac{d}{l^2}. \tag{14a}$$

Es treten mehrere kritische Umlaufzahlen auf, die erhalten werden, wenn $m = 1$, $= 2$ usw. gesetzt wird. Es ist also $n_{k1} : n_{k2} : n_{k3} = 1 : 2^2 : 3^2 = 1 : 4 : 9$ usw. Gemäß Gl. (9a) ist die Durchbiegung, da der Wert der ersten drei Summanden 0 ist,

$$y = i(c_3 - c_4)\sin\psi_1 x = i(c_3 - c_4)\sin m\pi\frac{x}{l}.$$

Das Verhalten der Welle bei gesteigerter Umlaufzahl ist folgendes:

Die Welle bleibt gerade bis zur Erreichung der ersten kritischen Umlaufzahl n_{k1}; bei n_{k1} ist $\sin\psi_1 x = 0$; die Durchbiegung wird also:

$$y = i(c_3 - c_4)\sin\pi\frac{x}{l};$$

da die Durchbiegung einen reellen Wert besitzt und nicht imaginär ist, muß $c_3 - c_4$ imaginär sein. Die Durchbiegung wird ein Sinusbogen zwischen 0 und π. Bis zur Erreichung der nächsten kritischen Umlaufzahl bleibt die Welle wieder gerade, bei n_{k_2} erhält die Durchbiegung den Wert $y = i(c_3 - c_4)\sin 2\pi(x/l)$, d. h. sie wird eine vollständige Sinuslinie zwischen 0 und 2π mit einem Wendepunkt in der Mitte; bei n_{k_3} bilden sich zwei Wendepunkte aus usw. Bei der Annahme der Exzentrizität des Schwerpunktes $e = 0$ entsteht die Ausbiegung nach den Sinuslinien nicht selbsttätig, sondern muß durch einen äußeren Anstoß eingeleitet werden (Abb. 118).

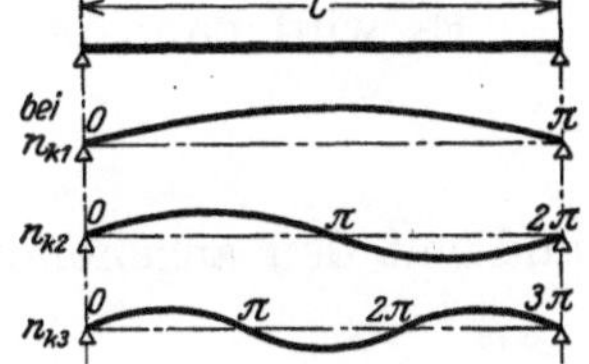

Abb. 118. Form der glatten, beiderseits frei gelagerten Welle.

Für eine an den Auflagerstellen fest eingespannte Welle ist die Durchbiegung $y = 0$ und die Neigung der elastischen Linie $dy/dx = 0$ für $x = 0$ und $x = l$; es wird also entsprechend Gl. (9a) und (10) für $x = 0$:

$$c_1 + c_2 + c_3 + c_4 = 0,$$
$$c_1 - c_2 + i(c_3 - c_4) = 0;$$

Addition und Subtraktion ergeben:

$$c_3 + c_4 + i(c_3 - c_4) = -2c_1, \tag{15}$$
$$c_3 + c_4 - i(c_3 - c_4) = -2c_2. \tag{16}$$

Aus denselben Gleichungen folgt für $x = l$:

$$c_1 e^{\psi_1 l} + c_2 e^{-\psi_1 l} + (c_3 + c_4)\cos\psi_1 l + i(c_3 - c_4)\sin\psi_1 l = 0,$$
$$c_1 e^{\psi_1 l} - c_2 e^{-\psi_1 l} - (c_3 + c_4)\sin\psi_1 l + i(c_3 - c_4)\cos\psi_1 l = 0.$$

Addition ergibt:

$$2c_1 e^{\psi_1 l} + [c_3 + c_4 + i(c_3 - c_4)]\cos\psi_1 l - [c_3 + c_4 - i(c_3 - c_4)]\sin\psi_1 l = 0$$

oder

$$c_1 e^{\psi_1 l} - c_1 \cos\psi_1 l + c_2 \sin\psi_1 l = 0,$$

$$c_2 \sin\psi_1 l = c_1(\cos\psi_1 l - e^{\psi_1 l}). \qquad (17)$$

Subtraktion ergibt:

$$2c_2 e^{-\psi_1 l} + [c_3 + c_4 - i(c_3 - c_4)]\cos\psi_1 l + [c_3 + c_4 + i(c_3 - c_4)]\sin\psi_1 l = 0$$

oder

$$c_2 e^{-\psi_1 l} - c_2 \cos\psi_1 l - c_1 \sin\psi_1 l = 0,$$

$$c_2 \sin\psi_1 l = c_2(e^{-\psi_1 l} - \cos\psi_1 l). \qquad (17\,\mathrm{a})$$

Durch Multiplikation der Gl. (17) und (17a) folgt:

$$c_1 c_2 \sin^2\psi_1 l = c_1 c_2 [e^{-\psi_1 l}\cos\psi_1 l - e^{\psi_1 l} e^{-\psi_1 l} - \cos^2\psi_1 l + e^{\psi_1 l}\cos\psi_1 l],$$

$$(e^{\psi_1 l} + e^{-\psi_1 l})\cos\psi_1 l = \sin^2\psi_1 l + \cos^2\psi_1 l + e^{\psi_1 l} e^{-\psi_1 l} = 2.$$

Da nun

$$\frac{e^{\psi_1 l} + e^{-\psi_1 l}}{2} = \mathfrak{Cof}\,\psi_1 l$$

ist, folgt:

$$\mathfrak{Cof}\,\psi_1 l \cdot \cos\psi_1 l = 1. \qquad (18)$$

$\mathfrak{Cof}\,\psi_1 l$ ist eine im Bereich reeller Werte von $\psi_1 l$ stetig wachsende Funktion, $\cos\psi_1 l$ wechselt zwischen -1 und $+1$. $\mathfrak{Cof}\,\psi_1 l \cdot \cos\psi_1 l$ ist also eine periodische Funktion mit immer größerer, stark wachsender Amplitude.

Die Wurzeln der Gl. (18) treten daher in nicht ganz gleichmäßigen Abständen auf. Sie betragen der Reihe nach[1]):

$$\psi_1 l = 0; \quad 4{,}7300 = 1{,}5056\,\pi; \quad 7{,}8532 = 2{,}4998\,\pi; \quad 10{,}9956 = 3{,}5012\,\pi;$$

und bei $m > 3$:

$$\psi_1 l = \tfrac{1}{2}(2m + 1)\,\pi,$$

allgemein: $\psi_1 l = m' \cdot \pi$.

Es wird dann entsprechend Gl. (13):

$$\omega_k = m'^2 \cdot \frac{\pi^2}{4}\sqrt{\frac{1}{\alpha}\,\frac{g}{\gamma}}\,\frac{d}{l^2}$$

und mit den angenommenen Festigkeitswerten:

$$\omega_k = m'^2 \cdot 1{,}282 \cdot 10^6\,\frac{d}{l^2}, \qquad (19)$$

$$n_k = m'^2 \cdot 1{,}225 \cdot 10^7\,\frac{d}{l^2}. \qquad (19\,\mathrm{a})$$

Die erste kritische Umlaufzahl ergibt sich mit $m' = 1{,}5056$ zu:

$$n_{k1} = 2{,}777 \cdot 10^7\,\frac{d}{l^2}. \qquad (19\,\mathrm{b})$$

Als weitere kritische Umlaufzahlen höherer Ordnung treten auf:

$$n_{k2} = \left(\frac{2{,}4998}{1{,}5056}\right)^2 \cdot n_{k1} = 2{,}757\,n_{k1},$$

$$n_{k3} = \left(\frac{3{,}5012}{1{,}5056}\right)^2 \cdot n_{k1} = 5{,}408\,n_{k1},$$

$$n_{k4} = \left(\frac{4{,}5}{1{,}5056}\right)^2 \cdot n_{k1} = 8{,}935\,n_{k1} \quad \text{usf.}$$

---

[1]) E. Jahnke u. F. Ende: Funktionentafeln mit Formeln und Kurven (Sammlung mathem.-phys. Lehrbücher) S. 3, B. G. Teubner 1923.

Bei einer überhängenden Welle ist an der Einspannstelle bei $x = 0$ die Durchbiegung $y = 0$, sowie die Neigung der elastischen Linie $dy/dx = 0$, am Endpunkt bei $x = l$ ist das Moment, mithin $d^2 y/dx^2 = 0$, sowie die Querkraft, d. h. $d^3 y/dx^3 = 0$. Es wird also entsprechend den Gl. (9a) und (10) mit $x = 0$:

$$c_1 + c_2 + c_3 + c_4 = 0,$$
$$c_1 - c_2 + i(c_3 - c_4) = 0.$$

Addition und Subtraktion führen zu:

$$c_3 + c_4 + i(c_3 - c_4) = -2c_1, \tag{20}$$
$$c_3 + c_4 - i(c_3 - c_4) = -2c_2. \tag{21}$$

Aus den Gl. (10a) und (10b) ergibt sich mit $x = l$:

$$c_1 e^{\psi_1 l} + c_2 e^{-\psi_1 l} - (c_3 + c_4)\cos\psi_1 l - i(c_3 - c_4)\sin\psi_1 l = 0,$$
$$c_1 e^{\psi_1 l} - c_2 e^{-\psi_1 l} + (c_3 + c_4)\sin\psi_1 l - i(c_3 - c_4)\cos\psi_1 l = 0.$$

Addition ergibt:

$$2c_1 e^{\psi_1 l} + [(c_3 + c_4) - i(c_3 - c_4)]\sin\psi_1 l - [(c_3 + c_4) + i(c_3 - c_4)\cos\psi_1 l = 0$$

und

$$c_2 \sin\psi_1 l = c_1(\cos\psi_1 l + e^{\psi_1 l}). \tag{22}$$

Subtraktion ergibt:

$$2c_2 e^{-\psi_1 l} - [(c_3 + c_4) + i(c_3 - c_4)]\sin\psi_1 l - [(c_3 + c_4) - i(c_3 - c_4)]\cos\psi_1 l = 0$$

oder

$$c_1 \sin\psi_1 l = -c_2(\cos\psi_1 l + e^{-\psi_1 l}). \tag{22a}$$

Durch Multiplikation der Gl. (22) und (22a) folgt nun:

$$c_1 c_2 \sin^2\psi_1 l = -c_1 c_2 [\cos^2\psi_1 l + (e^{\psi_1 l} + e^{-\psi_1 l})\cos\psi_1 l + e^{\psi_1 l} e^{-\psi_1 l}],$$
$$(e^{\psi_1 l} + e^{-\psi_1 l})\cos\psi_1 l = -\sin^2\psi_1 l - \cos^2\psi_1 l - e^{\psi_1 l} e^{-\psi_1 l} = -2.$$

Unter Einführung des $\mathfrak{Cof}\,\psi_1 l$ ist demnach:

$$\mathfrak{Cof}\,\psi_1 l \cdot \cos\psi_1 l = -1. \tag{23}$$

Die Wurzeln dieser Gleichung liegen bei:

$$\psi_1 l = 1{,}8751 = 0{,}59685\,\pi; \quad 4{,}6941 = 1{,}4942\,\pi; \quad 7{,}8548 = 2{,}5003\,\pi;$$
$$10{,}9955 = 3{,}5012\,\pi$$

und bei

$$m > 4: \quad \text{bei} \quad \psi_1 l = \tfrac{1}{2}(2m - 1)\pi,$$

allgemein: $\psi_1 l = m'\pi$.

Die Werte der kritischen Winkelgeschwindigkeit und der kritischen Umlaufzahl entsprechen Gl. (19) und (19a):

Die erste kritische Umlaufzahl ergibt sich mit $m' = 0{,}59685$ zu $n_{k1} = 4{,}364 \cdot 10^6\,(d/l^2)$. Die kritischen Umlaufzahlen höherer Ordnung ergeben sich mit:

$$n_{k2} = 6{,}267\,n_{k1}; \quad n_{k3} = 17{,}548\,n_{k1}; \quad n_{k4} = 34{,}412\,n_{k1} \quad \text{usf.}$$

C. Durch Scheiben belastete Welle.

Wenn auf einer Welle mehrere Scheiben befestigt sind, so ist nach der empirischen Formel von Dunkerley:

$$\frac{1}{\omega_k^2} = \frac{1}{\omega^2} + \frac{1}{\omega_1^2} + \frac{1}{\omega_2^2} + \cdots \tag{1}$$

Hierin bedeutet ω_k die kritische Winkelgeschwindigkeit der belasteten Welle, ω diejenige der Welle allein ohne Scheiben, ω_1 die kritische Winkelgeschwindigkeit der gewichtslos gedachten, nur mit der Scheibe „1“ belasteten Welle, ω_2 diejenige bei ausschließlicher Belastung mit der Scheibe „2“ usw.

Denkt man sich die Welle unterteilt und das Gewicht des jeweiligen Wellenstückes zum Scheibengewicht geschlagen, so kommt $1/\omega^2$ in Fortfall.

Wird die statische Durchbiegung infolge der Scheibe „1“ als alleiniger Belastung mit f_1 bezeichnet, diejenige infolge der Scheibe „2“ mit f_2, so ist entsprechend Gl. (4) Abschnitt A:

$$\omega_1 = \sqrt{\frac{g}{f_1}}; \quad \omega_2 = \sqrt{\frac{g}{f_2}} \cdots$$

und:

$$\frac{1}{\omega_k^2} = \frac{f_1}{g} + \frac{f_2}{g} + \frac{f_3}{g} + \cdots = \frac{\sum(f)}{g},$$

entsprechend ist:

$$\omega_k = \sqrt{\frac{g}{\sum(f)}} \quad \text{und} \quad n_k = \frac{300}{\sqrt{\sum(f)}}. \qquad (2) \text{ und } (2\text{a})$$

Auf der Formel von Dunkerley beruht das Verfahren von Krause[1]) zur Bestimmung der kritischen Umlaufzahl abgesetzter Wellen mit verschiedenen Belastungen, wie in Abb. 119a dargestellt, wobei das Gewicht der Welle auf die Einzelbelastungen aufgeteilt wird. Denkt man sich die Welle am Angriffspunkt einer beliebigen Belastung z. B. G_2 (Abb. 119b) eingespannt, so wirkt am linken Auflager A ein Auflagerdruck A_2, dessen Moment eine Durchbiegung nach oben hervorruft.

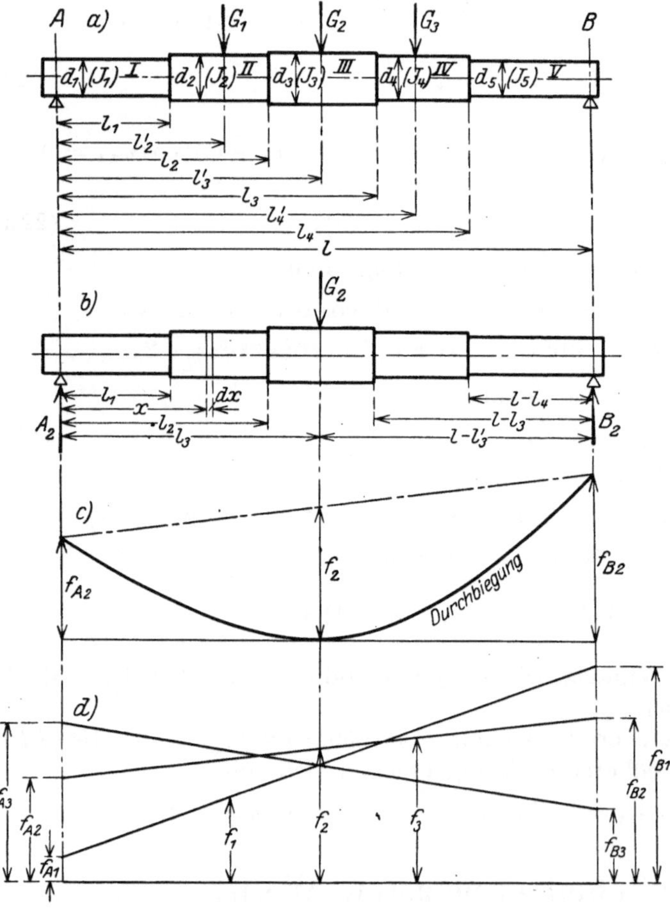

Abb. 119. Kritische Umlaufzahl nach dem Verfahren von Krause.

Diese Durchbiegung beträgt an beliebiger Stelle in der Entfernung x:

$$f = \int \alpha \frac{M}{J} x\, dx$$

oder mit $M = A_2 x$:

$$f = \int \alpha \frac{A_2}{J} x^2\, dx. \qquad (3)$$

Diese Gleichung kann immer nur so weit integriert werden, als J konstant ist, d. h. für die einzelnen Wellenstücke I bis V. Es ergibt sich für Teil I:

$$f = \alpha \frac{A_2}{J_1} \int_0^{l_1} x^2\, dx = \frac{\alpha A_2}{3} \frac{l_1^3}{J_1},$$

für Teil II:

$$f = \alpha \frac{A_2}{J_2} \int_{l_1}^{l_2} x^2\, dx = \frac{\alpha A_2}{3} \frac{l_2^3 - l_1^3}{J_2},$$

[1]) Dr.-Ing. Martin Krause: Z. d. V. d. I. 1914, S. 878.

für Teil III:

$$f = \alpha \frac{A_2}{J_3} \int_{l_2}^{l_3'} x^2\, dx = \frac{\alpha A_2}{3} \frac{l_3'^3 - l_2^3}{J_3}.$$

Die Summe ergibt die gesamte Durchbiegung f_{A_2} am Auflager A mit:

$$f_{A_2} = \alpha \frac{A_2}{3} \left(\frac{l_1^3}{J_1} + \frac{l_2^3 - l_1^3}{J_2} + \frac{l_3'^3 - l_2^3}{J_3} \right). \tag{4}$$

In ähnlicher Weise ist die Durchbiegung f_{B_2} am rechten Auflager B zu berechnen, wobei B_2 an Stelle von A_2 und die Entfernungen von B an Stelle derjenigen von A treten. Für Abb. 119b ist demnach beispielsweise:

$$f_{B_2} = \frac{\alpha B_2}{3} \left[\frac{(l - l_4)^3}{J_5} + \frac{(l - l_3)^3 - (l - l_4)^3}{J_4} + \frac{(l - l_3')^3 - (l - l_3)^3}{J_3} \right] \tag{4a}$$

Werden die Größen f_{A_2} und f_{B_2} von einer Wagerechten aus abgetragen, so entspricht die Verbindungslinie der Endpunkte der ursprünglichen geraden Stabachse, die Durchbiegung infolge des Gewichtes G_2 kann unmittelbar unter ihm abgegriffen werden (Abb. 119c). In dieser Weise sind die Durchbiegungen unter sämtlichen Einzelgewichten zu bestimmen (Abb. 119d). Bei einer Welle entspr. Abb. 119a betragen die Auflagerdrücke:

$$A_1 = G_1 \frac{l - l_2}{l}; \qquad A_2 = G_2 \frac{l - l_3'}{l}; \qquad A_3 = G_3 \frac{l - l_4'}{l}$$

und

$$B_1 = G_1 \frac{l_2'}{l}; \qquad B_2 = G_2 \frac{l_3'}{l}; \qquad B_3 = G_3 \frac{l_4'}{l}.$$

Die kritische Umlaufzahl folgt dann entsprechend Gl. (2a).

Dies Verfahren ergibt etwas zu kleine Werte für n_k, und zwar für frei aufliegende Welle um $4^1/_2\%$, für überhängende Welle um 1%, für beiderseits eingespannte Welle um 8%.

Genauere Werte liefert das Verfahren von G. Kull[1]). In Gl. (2) und (2a) wird an Stelle von $\sum(f)$ eingesetzt eine reduzierte Durchbiegung:

$$f_0 = \frac{G_1 f_1^2 + G_2 f_2^2 + G_3 f_3^2 + \cdots}{G_1 f_1 + G_2 f_2 + G_3 f_3 + \cdots} = \frac{\sum(G f^2)}{\sum(G f)}, \tag{5}$$

wobei f_1, f_2, f_3 im Gegensatz zu dem Verfahren von Krause die Durchbiegungen unter den Lasten G_1, G_2, G_3 bedeuten, wenn sie gleichzeitig die Wellen belasten.

Es wird demnach:

$$\omega_k = \sqrt{\frac{g \sum(G f)}{\sum(G f^2)}} \quad \text{und} \quad n_k = 300 \sqrt{\frac{\sum(G f)}{\sum(G f^2)}}. \tag{6) u. (6a}$$

Stellt man sich ein physisches Pendel bei gewichtslosem Stab in den Abständen f_1, f_2, f_3 mit den Gewichten G_1, G_2, G_3 belastet vor, so ist die Zeit einer ganzen Pendelschwingung $T = 2\pi \sqrt{J / \sum(G f)}$ und die entsprechende Schwingungszahl in der Minute:

$$n = \frac{60}{T} = \frac{60}{2\pi} \sqrt{\frac{\sum(G f)}{J}}$$

Es ist aber weiter:

$$J = \sum(m f^2) = \frac{1}{g} \sum(G f^2),$$

womit sich ergibt:

$$n = \frac{60}{2\pi} \sqrt{g \frac{\sum(G f)}{\sum(G f^2)}} = 300 \sqrt{\frac{\sum(G f)}{\sum(G f^2)}}. \tag{7}$$

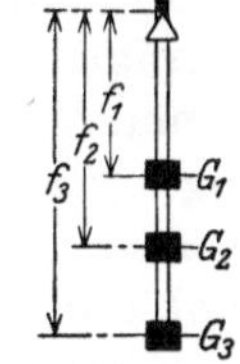

Abb. 120. Physisches Pendel mit mehreren Gewichten.

Die Übereinstimmung mit Gl. (6a) zeigt, daß die kritische Umlaufzahl identisch ist mit der minutlichen Schwingungszahl eines physischen Pendels in der Anordnung der Abb. 120.

[1]) Z. d. V. d. I. 1918, S. 249.

Die Bestimmung der Durchbiegungen unter den einzelnen Gewichten erfolgt am einfachsten graphisch nach dem Mohrschen Verfahren (Abb. 121), wobei zunächst mit einer beliebigen Polhöhe H_I die Biegungsmomentenfläche gezeichnet wird. Diese wird entsprechend dem Verhältnis $J_{\max}/J$ verzerrt und als Belastungsfläche für eine zweite Seillinie, die elastische Linie, aufgefaßt, d. h. in einzelne Dreiecke und Trapeze zerlegt, deren Flächeninhalte und Schwerpunkte leicht zu ermitteln sind. Als Polhöhe H_{II} wird ein kleiner Bruchteil des Wertes $J_{\max}/\alpha$ cm² kg gewählt, so daß die elastische Linie in wesentlich vergrößertem Maßstab erscheint.

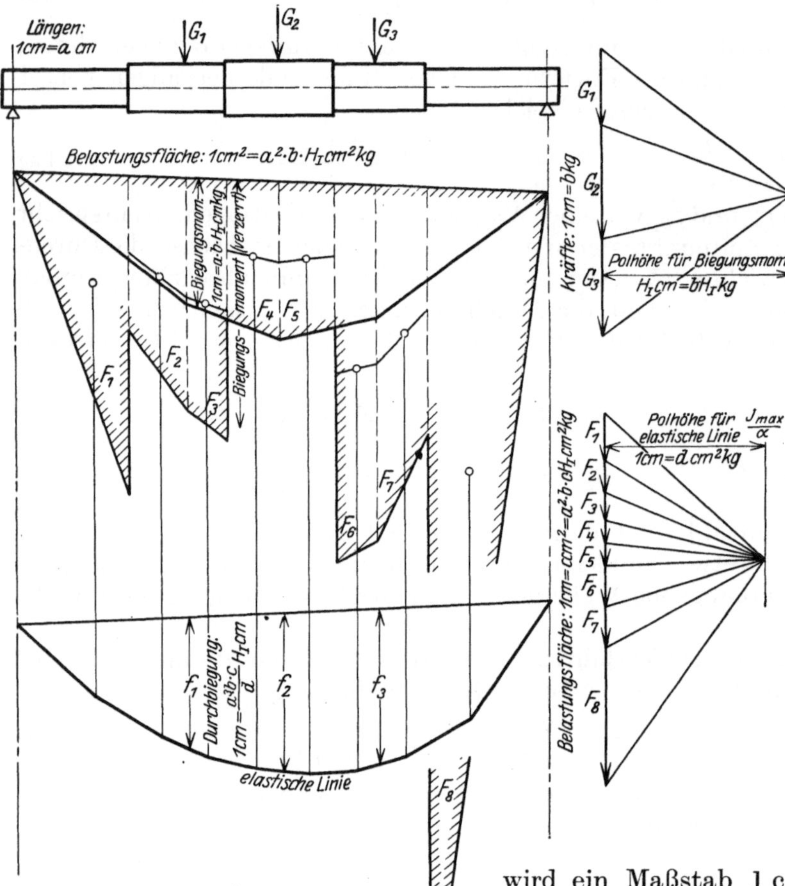

Abb. 121. Durchbiegung der Welle nach Mohr (zum Verfahren von Kull).

Wird als Längenmaßstab angenommen: 1 cm $= a$ cm, als Kräftemaßstab 1 cm $= b$ kg, so bedeutet die Polhöhe H_I cm $= b\,H_I$ kg, und der Momentenmaßstab wird: 1 cm $=$ $a\,b\,H_I$ cmkg. In der Belastungsfläche wird 1 cm² $= a^2 b\,H_I$ cm²kg; werden die Flächen bei der Aufzeichnung der elastischen Linie im Maßstab 1 cm $= c$ cm² aufgetragen, so bedeutet 1 cm $= c$ cm² $= a^2\,b\,c\,H_I$ cm²kg. Für die Polhöhe H_{II} wird ein Maßstab 1 cm $= d$ cm²kg gewählt, wobei d wesentlich größer als 1, z. B. $d = 10^9$ oder 10^{10} angenommen wird, damit die elastische Linie entsprechend vergrößert erscheint. Ihr Maßstab ist dann: 1 cm $= (a^3\,b\,c\,/d) H_I$ cm.

Die Stärke der Welle wird meist so gewählt, daß die kritische Umlaufzahl das 1,2 bis 1,4fache der Betriebsumlaufzahl beträgt. Bei der Laval-Turbine liegt die Betriebsumlaufzahl über der kritischen Umlaufzahl, die durch kleine Durchmesser und große Länge (dünne, weitgelagerte, sog. „schwanke" Welle) entsprechend Gl. (5), Abschn. A, ziemlich weit herabgesetzt werden kann. Die beim Durchgang durch die kritische Umlaufzahl auftretende Auslenkung der Welle wird durch entsprechend ausgebildete Buchsen abgefangen.

Bei der Ermittlung der kritischen Umlaufzahl wird der Durchmesser und das Trägheitsmoment der Welle eingesetzt. Tatsächlich tritt aber durch die Befestigung der Scheiben eine gewisse Versteifung der Welle ein, so daß meist die durch Versuch ermittelten kritischen Umlaufzahlen etwas größer als die errechneten ausfallen.

D. Gewichte der Scheiben.

Zur Bestimmung der kritischen Umlaufzahl sind die Gewichte der Scheiben erforderlich. Soweit die Scheibenform durch eine Gleichung festgelegt ist, kann auch das Gewicht mathematisch bestimmt werden. Das Gewicht einer solchen Scheibe beträgt:

$$G = \gamma \cdot 2\pi \int_{r_i}^{r_a} x\, y\, dx, \tag{1}$$

worin wie früher y die Stärke am Radius x bedeutet (vergl. Abb. 103a).

Für die Scheibe gleicher Festigkeit ist entsprechend Gl. (1), Abschn. V Da,

$$y = y_k \cdot e^{\frac{\gamma}{g}\frac{\omega^2}{2\sigma}(r_a^2 - x^2)}$$

und entsprechend Gl. (1):

$$G = \gamma \cdot 2\pi y_k \cdot e^{\frac{\gamma}{g}\frac{\omega^2}{2\sigma} r_a^2} \cdot \int_{r_i}^{r_a} e^{-\frac{\gamma}{g}\frac{\omega^2}{2\sigma} x^2} \cdot x\, dx$$

$$= \gamma \cdot \pi \cdot y_k \cdot e^{\frac{\gamma}{g}\frac{\omega^2}{2\sigma} r_a^2} \int_{r_i}^{r_a} e^{-\frac{\gamma}{g}\frac{\omega^2}{2\sigma} x^2} d(x^2)$$

$$= \gamma \cdot \pi \cdot y_k \cdot e^{\frac{\gamma}{g}\frac{\omega^2}{2\sigma} r_a^2} \cdot \left. \frac{e^{-\frac{\gamma}{g}\frac{\omega^2}{2\sigma} x^2}}{-\frac{\gamma}{g}\frac{\omega^2}{2\sigma}} \right|_{r_i}^{r_a}$$

$$= -g \cdot \pi \cdot y_k \frac{2\sigma}{\omega^2}\left[1 - e^{\frac{\gamma}{g}\frac{\omega^2}{2\sigma}(r_a^2 - r_i^2)}\right]$$

$$= 2\pi g\, y_k \frac{\sigma}{\omega^2}\left[e^{\frac{\gamma}{g}\frac{\omega^2}{2\sigma}(r_a^2 - r_i^2)} - 1\right]. \tag{2}$$

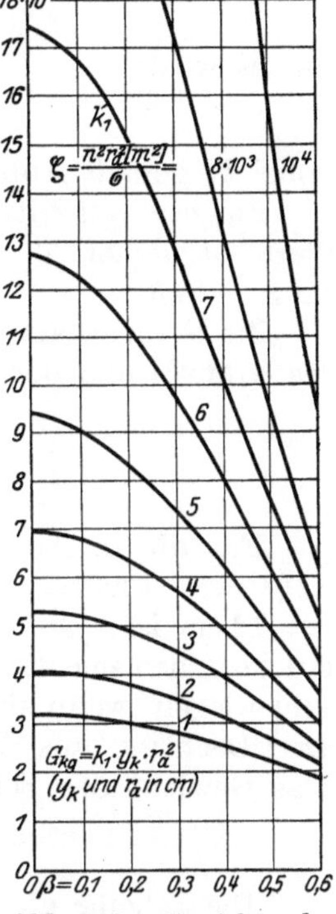

Abb. 122. Gewichte der Scheiben gleicher Festigkeit.

Setzt man $r_i = \beta\, r_a$ und $\omega = (\pi/30)\, n$, so wird

$$G = 2\pi g y_k \frac{900}{\pi^2}\frac{\sigma}{n^2}\left[e^{\frac{\gamma}{2g}\frac{\pi^2}{900}\cdot\frac{n^2 r_a^2}{\sigma}(1-\beta^2)} - 1\right]$$

$$= 2\pi g y_k \frac{900}{\pi^2} r_a^2 \frac{\sigma}{n^2 r_a^2}\left[e^{\frac{\gamma}{2g}\frac{\pi^2}{900}\frac{n^2 r_a^2}{\sigma}(1-\beta^2)} - 1\right].$$

Hierin erscheint wieder der Bezugswert, der schon bei der Berechnung der Festigkeit benutzt ist: $\zeta = (n^2 r_a^2)/\sigma$; da hierin r_a in m eingesetzt war, ist für r_a in cm mit 10000 zu multiplizieren. Wenn g in cm/sek² und σ in kg/cm² eingesetzt wird, ergibt sich das Gewicht für Flußstahl und Nickelstahl

$$G_{kg} = \frac{56{,}2}{\zeta}\left[e^{4{,}47\cdot 10^{-4}\cdot\zeta(1-\beta^2)} - 1\right]\cdot y_k \cdot r_a^2 = k_1 \cdot y_k \cdot r_a^2, \tag{3}$$

wobei y_k und r_a in cm; die Werte von k_1 sind in Abb. 122 enthalten.

Für die Scheibe mit hyperbelförmigem Profil ist nach Gl. (1a) Abschnitt V Ea:

$$y = y_k \cdot \frac{x_a}{r_a^a},$$

demnach:

$$G = \gamma \cdot 2\pi \frac{y_k}{r_a^a}\int_{r_i}^{r_a} x^{a+1} dx = \gamma \frac{2\pi}{a+2}\frac{y_k}{r_a^a}\left[r_a^{a+2} - r_i^{a+2}\right]. \tag{4}$$

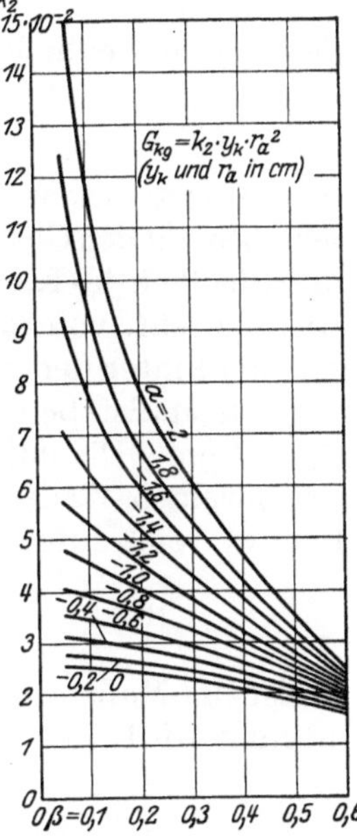

Abb. 123. Gewichte der Scheiben mit hyperbelförmigem Profil.

Unter Einführung von $r_i = \beta\, r_a$ ergibt sich:

$$G = \gamma \frac{2\pi}{a+2} y_k r_a^2 [1 - \beta^{a+2}] .$$

Wird y_k und r_a in cm eingeführt, so ist für Flußstahl und Nickelstahl

$$\gamma = 8 \cdot 10^{-3}\ \mathrm{kg/cm^3}$$

und es wird:

$$G_{\mathrm{kg}} = \frac{50{,}2 \cdot 10^{-3}}{a+2} (1 - \beta^{a+2})\, y_k \cdot r_a^2 = k_2 \cdot y_k \cdot r_a^2 ; \tag{5}$$

wobei k_2 gemäß Abb. 123.

Für $a = -2$ tritt der Bruch $(1 - \beta^{a+2})/(a+2)$ in der Form 0/0 auf. Sein wahrer Wert ist daher $d(1 - \beta^{a+2})/d(a+2) = -\beta^{a+2} \ln \beta$ und, wenn $a = -2$ gesetzt wird, $-\ln \beta$.

Zu den hiernach berechneten Gewichten treten die Gewichte der Beschaufelung, des Kranzes und der Nabe und gegebenenfalls des Wellenstückes in der Nabe hinzu.

E. Beispiel.

Für die in Abb. 82 dargestellte Schaufelung beträgt die Zahl der Schaufeln $\pi D/t = \pi \cdot 1300/11 = 372$; das Gewicht jeder Schaufel bei einer Gesamtlänge von $l = 12$ cm ist: $\gamma_s \cdot l \cdot f_s = 8{,}95 \cdot 12 \cdot 0{,}755 = 81$ g, im ganzen also 30,2 kg; die Füllstücke haben eine durchschnittliche Länge von 4 cm, eine mittlere Fläche von 1,245 cm² und wiegen, wenn sie aus Messing hergestellt werden: $372 \cdot 4 \cdot 1{,}245 \cdot \frac{8{,}6}{1000} = 15{,}9$ kg. Der Deckring aus Messing wiegt bei 2 mm Stärke: $138\,\pi \cdot 2 \cdot 0{,}2 \cdot \frac{8{,}6}{1000} = 1{,}49$ kg. Das Gewicht des Schaufelkranzes beträgt nach der Guldinschen Regel:

$$\gamma \cdot f_k \cdot 2\pi \cdot r_{0k} = \tfrac{8}{1000} \cdot 12{,}6 \cdot 2\pi \cdot 57{,}5 = 36{,}5\ \mathrm{kg} .$$

Die Scheibe gleicher Festigkeit (Abb. 110) hat nach Gl. (3) (Abschnitt D) ein Gewicht von

$$\frac{56{,}2}{2{,}94 \cdot 10^{-3}} (e^{1{,}165} - 1) \cdot 1{,}4 \cdot 55^2 = 179\ \mathrm{kg},$$

die Nabe einschließlich des in der Nabe steckenden Wellenstückes von

$$8 \cdot \frac{4^2\,\pi}{4} \cdot 1{,}74 = 176\ \mathrm{kg},$$

das Gesamtgewicht beträgt demnach rund 440 kg. Die Welle soll noch zwei weitere Scheiben mit den Gesamtgewichten 460 und 500 kg tragen. Die übrigen Wellenstücke sind einschließlich des Kammlagers, des Reglerantriebes, des Kupplungsflansches usw. durch zwei Gewichte von 320 bzw. 340 kg ersetzt, die in den Schwerpunkten der Wellenstücke vor und hinter den Scheiben angreifen. Für die Zeichnung der Momentenfläche sind folgende Maßstäbe gewählt: Länge: 1 cm = 20 cm, Kräfte: 1 cm = 400 kg; Polhöhe $H_I = 4$ cm. Die entstehenden, entsprechend dem Verhältnis der Trägheitsmomente der einzelnen Wellenabschnitte $J_{\max}/J$ verzerrten Belastungsflächen sind im Maßstab 1 cm = 5 cm² aufgetragen. Die zweite Polhöhe ergibt sich aus:

$$\frac{J_{\max}}{\alpha} = 19\,175 \cdot 2\,200\,000 = 4{,}22 \cdot 10^{10}\ \mathrm{cm^2 kg} .$$

Sie ist im Maßstab 1 cm = 10^{10} cm²kg aufgetragen, so daß der Maßstab der Durchbiegung wird:

$$1\ \mathrm{cm} = \frac{20^3 \cdot 400 \cdot 5}{10^{10}} \cdot 4 = 0{,}0064\ \mathrm{cm}.$$

Die Durchbiegungen erhalten damit die in Abb. 124 eingetragenen Werte. Die Berechnung der kritischen Umlaufzahl nach Kull ergibt:

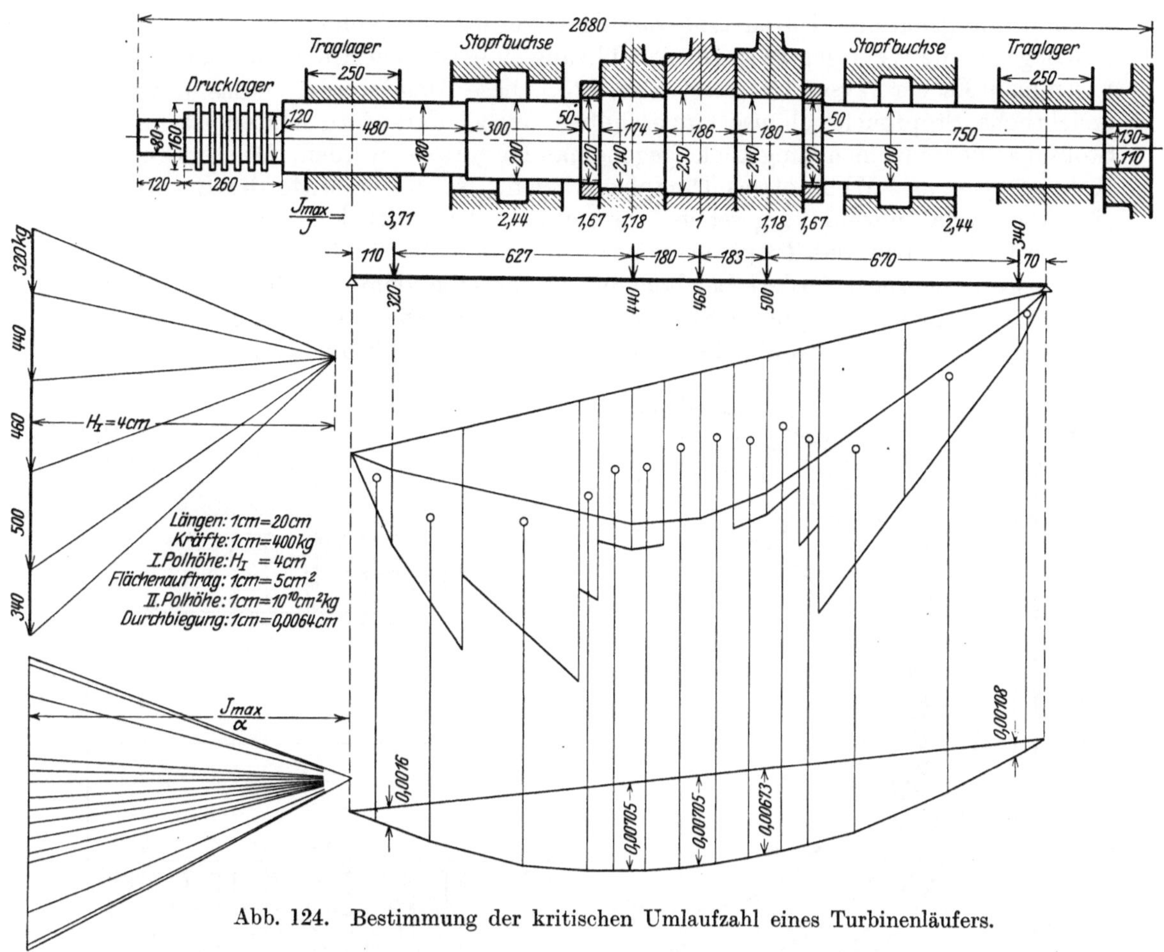

Abb. 124. Bestimmung der kritischen Umlaufzahl eines Turbinenläufers.

G	f	Gf	Gf^2
320 kg	0,0016	0,512	0,00082
440 ,,	0,00705	3,10	0,0218
460 ,,	0,00705	3,25	0,0229
500 ,,	0,00673	3,35	0,0226
340 ,,	0,00108	0,368	0,00040
		10,58	0,06852

Entsprechend Gl. (6a) (Abschn. C) ist:

$$n_k = 300 \sqrt{\frac{10,58}{0,06852}} = 3740;$$

infolge der Versteifung der Welle durch die aufgezogenen Scheiben ist noch mit einer Erhöhung zu rechnen, so daß die angenommene Umlaufzahl $n = 3000$ etwa das 0,8fache der kritischen Umlaufzahl beträgt.

VII. Abdichtung.

A. Außenstopfbuchsen.

Die Abdichtung der Welle kann bei nicht zu hohem Druck durch Stopfbuchsen mit Kohlenliderung erfolgen. Die mehrteiligen Kohlenringe, die aus selbstschmierender graphithaltiger Kohle bestehen, werden in Abstandsringe eingelegt und mit einem

Spanndraht gehalten. Durch eine Zugfeder werden die Kohlenringe mit leichtem Druck gegen die Welle gepreßt. Die Ausführung eines solchen Ringes mit den Zubehörteilen nach Escher Wyss & Cie. zeigt Abb. 125. Diese Ringe werden in das in Abb. 126 ersichtliche Stopfbuchsgehäuse eingeschoben, wobei darauf zu achten ist, daß die Stoßfugen der einzelnen Ringstücke gegeneinander versetzt werden. Da stets zwischen Kohlenringen und Welle etwas Dampf entweicht, ist in der Mitte der Stopfbuchse eine Abdampfabführung vorgesehen. Der mit dem Außendruck entweichende Schwaden wird nach oben, das Tropfwasser nach unten abgeführt. Die Abdichtung durch Kohlenstopfbuchsen erfordert bei höherem Druck eine ziemliche Baulänge und verursacht Leistungsverlust durch Stopfbuchsenreibung. Die Abdichtung erfolgt dann besser durch Labyrinthstopfbuchsen, bei denen keine Berührung zwischen der Welle

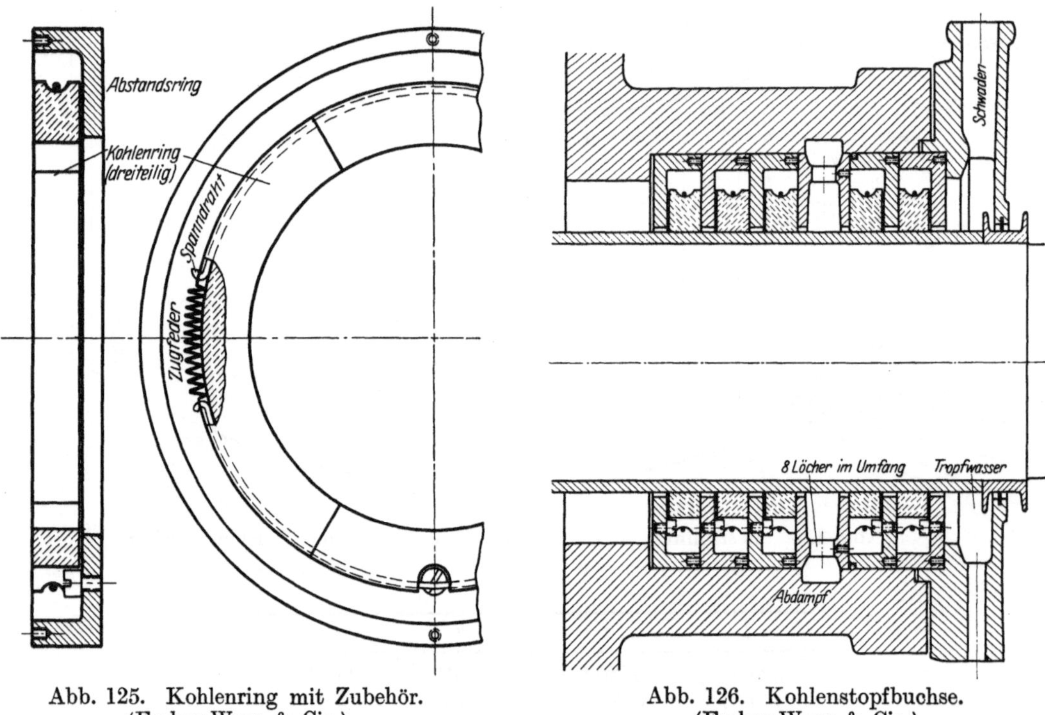

Abb. 125. Kohlenring mit Zubehör. (Escher Wyss & Cie.)

Abb. 126. Kohlenstopfbuchse. (Escher Wyss & Cie.)

und der Stopfbuchse stattfindet. Die Wirkung des Labyrinths besteht darin, daß der Dampf durch einen engen Spalt hindurch muß, in dem das Druckgefälle in Geschwindigkeit verwandelt wird, ähnlich der Umwandlung in einer Düse; in einer darauffolgenden Erweiterung wird die Geschwindigkeit durch Wirbelung vernichtet, so daß der Druck entsprechend verringert ist. Da sich derselbe Vorgang im nächsten Labyrinthgang wiederholt, kann durch eine größere Anzahl Dichtungsstellen der Dampfdruck vom Eintrittsdruck p_1 in das Labyrinth bis zu einem entsprechenden Enddruck p_2 herabgesetzt werden. Nach der Wirkungsweise der Labyrinthdichtung ist auch bei ihr stets eine Dampfverlust vorhanden, der bei großen Turbinen im Verhältnis zum gesamten durchgehenden Dampfgewicht nicht sehr ins Gewicht fällt, bei kleinen Einheiten aber die Dampfmenge oft erheblich vergrößert.

Die entweichende Dampfmenge beträgt[1]):

$$G_{\text{kg/sek}} = f\sqrt{\frac{g\,(p_1^2 - p_2^2)}{z \cdot p_1 \cdot v_1}},$$

wobei f den Durchgangsquerschnitt des Labyrinthes in m², z die Zahl der Dichtungsstellen, v_1 das spezifische Volumen des in die Stopfbuchse eintretenden Dampfes in

[1]) Stodola, A.: Dampf- und Gasturbinen, 6. Aufl. S. 156. Berlin: Julius Springer 1924.

m³/kg bedeutet und die Drücke in kg/m² einzusetzen sind. Setzt man den mittleren Stoffbuchsendurchmesser d_{St} und den Spalt δ in cm, p_1 und p_2 aber in kg/cm² ein, so ist:

$$G\,\text{kg/sek} = \approx \frac{d_{St}\cdot\delta}{10}\sqrt{\frac{p_1^2 - p_2^2}{z\cdot p_1\cdot v_1}}.$$

Der Dampfverlust wird also verringert durch Verkleinerung der Durchgangsflächen und durch Vergrößerung der Zahl der Dichtungsstellen. Kleine Durchgangsflächen

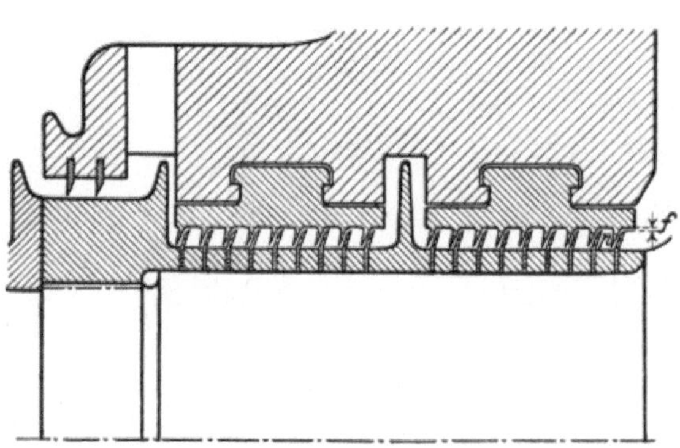

Abb. 127. Stopfbuchse mit federnden Ringen. (Erste Brünner Maschinenfabriksges.)

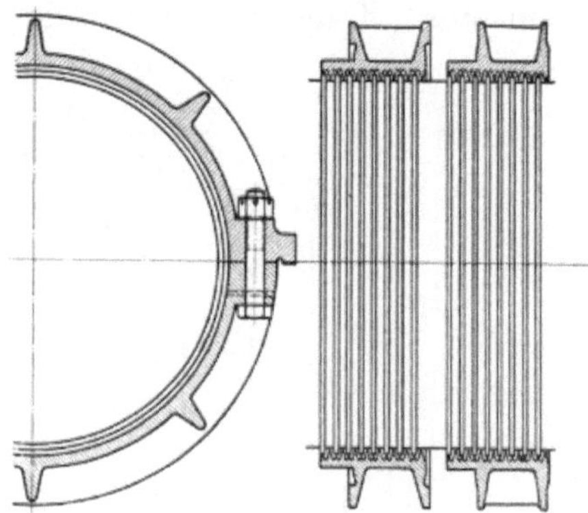

Abb. 128. Stopfbuchseneinsätze (AEG).

bedingen ein sehr geringes radiales Spiel, das bis 0,2 mm heruntergeht. Da die Welle sich im Betrieb durchbiegt, muß dafür gesorgt werden, daß ein Anstreifen ohne Beschädigung des Labyrinthes erfolgen kann. Werden die Labyrinthringe aus weichem Baustoff, z. B. Kupfer, hergestellt oder stark zugeschärft, kann beim Anstreifen ein geringes Abschleifen stattfinden. Ein anderer Weg ist die nachgiebige Herstellung oder Einpassung des Labyrinthes. Bei der Stopfbuchse der Ersten Brünner Maschinenfabrikges. (Abb. 127) trägt der Stopfbuchseneinsatz im Gehäuse schräg gestellte, spitzwinklige Gänge, zwischen denen die auf der Welle aufgebrachten Ringe eingreifen. Diese bestehen aus Blech von wärmebeständigem Material, sind kegelförmig gebogen, außen zugespitzt und abwechselnd mit stählernen Abstandsbuchsen auf die Welle aufgezogen. Durch den Dampfdruck werden die Blechringe gegen die Gänge gedrückt und hierdurch der Durchgangsquerschnitt verringert. Sowohl durch die Federung der Bleche als auch durch die nachgiebige Lagerung der Stopfbuchseinsätze im Gehäuse werden Beschädigungen vermieden.

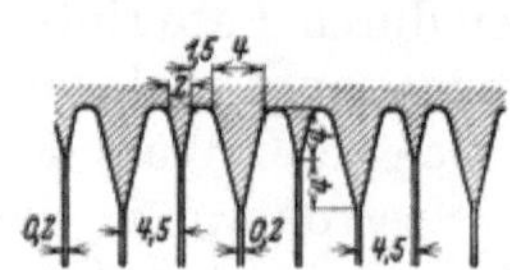

Abb. 129. Spitzenform der Stopfbuchseneinsätze (AEG).

Sehr schmale Dichtungsstellen sind bei einer Bauart der AEG gewählt, deren Einsätze aus Nickelbronze in Abb. 128 dargestellt sind. Der Stopfbuchseinsatz hat abwechselnd lange und kurze Gänge, die zwischen bzw. auf den Kämmen der Welle aufsitzen, so daß die Zahl der Dichtungsstellen gegenüber der gewöhnlichen Anordnung, bei der die Gänge nur zwischen den Kämmen eingreifen, verdoppelt wird. Die genaue Form der Gänge ist aus Abb. 129 ersichtlich. Das zugehörige Stopfbuchsengehäuse zeigt Abb. 130. Auch hier sind die Einsätze so im Gehäuse angeordnet, daß eine kleine radiale Verschiebung möglich ist, und damit im Verein mit den schmalen Dichtungsstellen Beschädigungen ausgeschlossen erscheinen. Die Kämme der Welle und die Gänge des Stopfbuchseneinsatzes können sich axial etwas gegeneinander verschieben, so daß auch der verschiedenen Ausdehnung der Welle und des Gehäuses ausreichend Rechnung getragen ist.

Bei sehr hohem Druckunterschied wird auch die Zahl der Dichtungsstellen sehr groß, so daß die Stopfbuchse sehr lang ausfällt. Bei amerikanischen Turbinen (der General Electric Co.) sind die Labyrinthe der Hochdruckstopfbuchsen daher nicht nur axial, sondern in Gruppen auch radial hintereinandergeschaltet. Die Stopfbuchse besteht aus einzelnen Ringen, die über die Welle geschoben werden müssen, so daß die Gänge der einzelnen Ringe nicht ineinandergreifen können. Die Ringe selbst sind nachgiebig gelagert (Abb. 131)[1].

An den Hochdruckstopfbuchsen tritt Dampf vom Innern des Gehäuses nach außen aus. Dagegen haben die Niederdruckstopfbuchsen gegen Vakuum abzu-

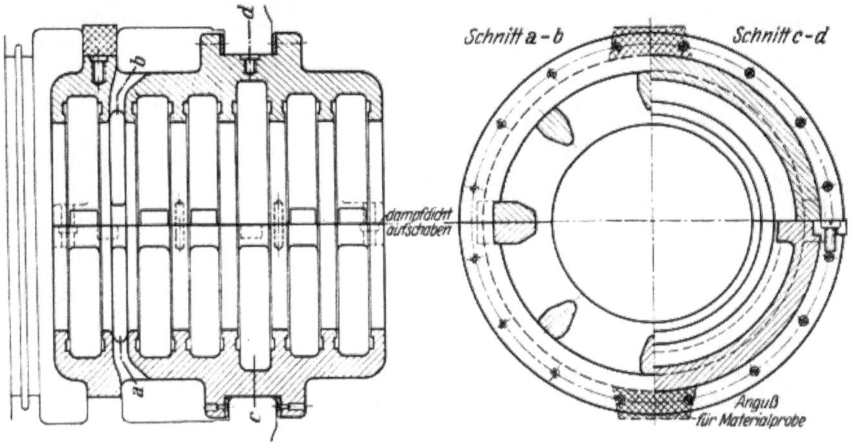

Abb. 130. Hochdruck-Stopfbuchsengehäuse für Labyrinthdichtung (AEG).

dichten, so daß durch die Spalten des Labyrinthes Luft in den Abdampfstutzen eingesaugt würde. Die gegen Unterdruck abdichtenden Stopfbuchsen erhalten daher eine Zuführung von Sperrdampf, der nach beiden Seiten durch Labyrinthe abströmt, so daß nicht Luft, sondern Dampf in den Kondensator gesaugt und dort mit dem Arbeitsdampf zusammen niedergeschlagen wird. Bei geeigneter Wahl der Druckgefälle kann der Abdampf der Hochdruckstopfbuchse als Sperrdampf in die Niederdruckstopfbuchse geleitet werden. Bei Regulierturbinen kann es vorkommen, daß Stopfbuchsen bei Vollast gegen Überdruck, bei Teillasten aber gegen Vakuum abzudichten haben, so daß auch für diesen Fall Sperrdampfzuführung vorgesehen werden muß.

B. Zwischenabdichtung.

Der Druckunterschied an den Zwischenböden ist wesentlich geringer als an den Außenstopfbuchsen, so daß mit einigen wenigen Kämmen im Zwischenboden auszukommen ist, während die Welle glatt durchgeführt wird. Die Kämme bestehen aus eingestemmten Kupferringen oder, wie in Abb. 132, die die Abdichtung der Zwischenböden (Abb. 17) von Escher Wyss & Cie. darstellt, aus Messingringen mit mehreren schmalen Dichtungsflächen.

Bei Überdruckturbinen tritt ein Dampfdurchgang ohne Arbeitsleistung auch an den Schaufeln auf. Die Schaufeln erhalten daher, wenn dieser Verlust vermieden werden soll, eine Abdichtung in radialer oder axialer Richtung, die durch angeschärfte Ansätze der Deckbänder erfolgt. Die in Abb. 133 dargestellte axiale Spaltabdichtung dichtet gegen die Füllstücke ab, die etwas breiter als die Schaufeln ausgeführt sind. Diese Abdichtung verlangt eine sehr genaue Einstellung der axialen Spalte, die unter Umständen im laufenden Betrieb nachgestellt werden müssen.

[1]) Aus Dr.-Ing. E. A. Kraft: Die neuzeitliche Dampfturbine.

Durch die von Brown, Boveri & Cie. ausgeführte Spaltüberbrückung wird die Abdichtung ersetzt (Abb. 134). Die letzten Überdruckstufen, bei denen nur noch geringe Druckunterschiede auftreten, werden ohne Zwischenböden ausgeführt. Die Leitschaufeln sind vielmehr, wie die Laufschaufeln, nur durch Deckbänder abgedeckt, so daß an Stelle des Zwischenbodens ein dampfgefüllter toter Raum entsteht.

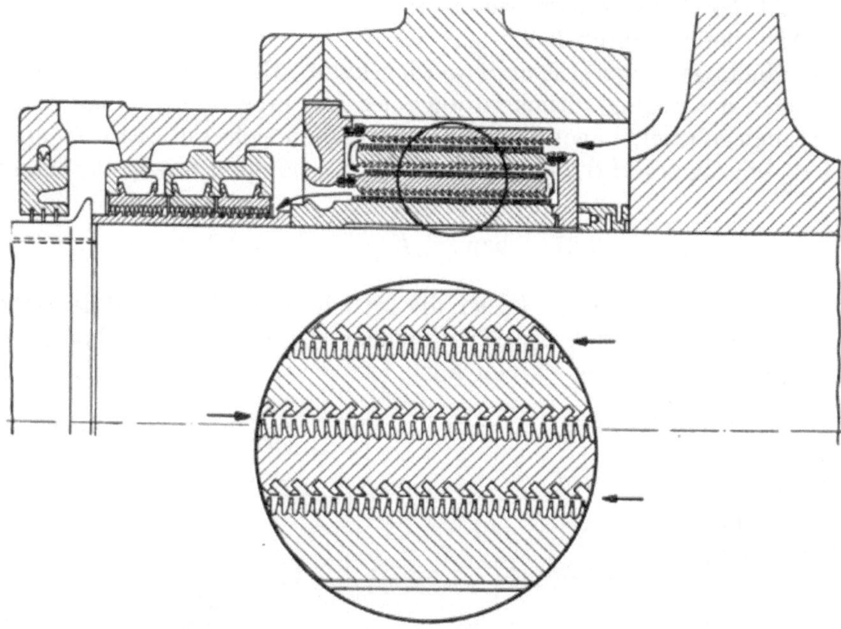

Abb. 131. Hochdruckstopfbuchse mit axial und radial hintereinander liegenden Labyrinthen. (General Electric Co.)

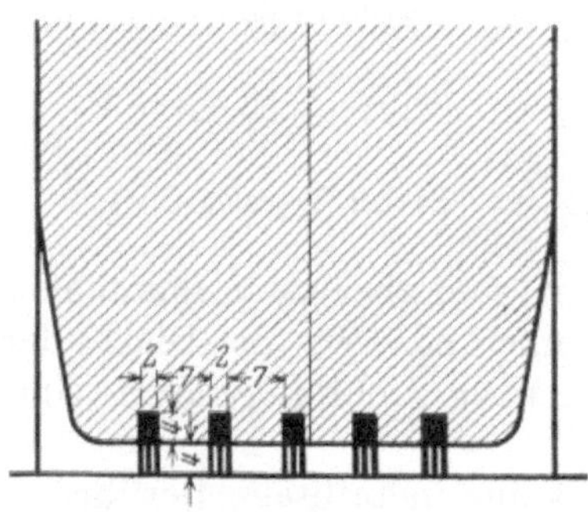

Abb. 132. Abdichtung der Zwischenböden. (Escher Wyss & Cie.)

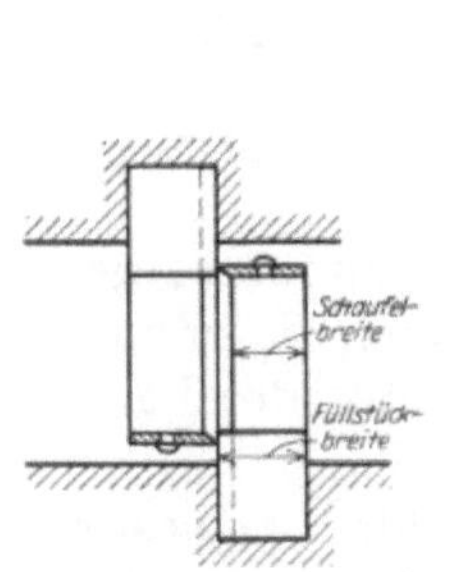

Abb. 133. Axiale Spaltabdichtung.

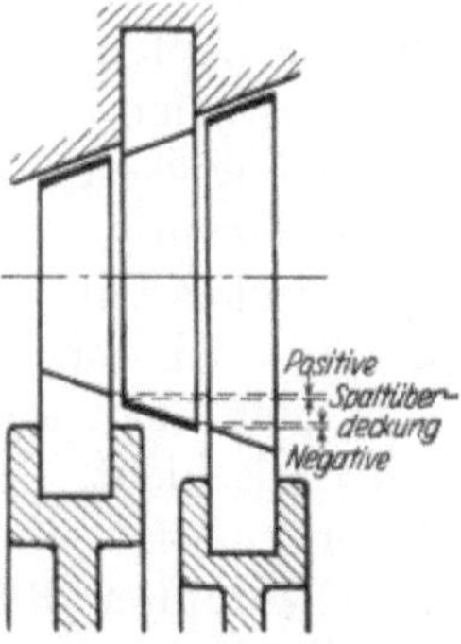

Abb. 134. Spaltüberbrükkung. (Brown, Boveri & Cie.)

Die Eintrittskante der Leitschaufel wird nach innen gegen die Austrittskante der vorhergehenden Laufschaufel verlängert, die Eintrittskante der Laufschaufel dagegen gegen die Austrittskante der Leitschaufel verkürzt. Hierdurch wird Dampf aus dem toten Raum in die Leitschaufel gesaugt, während der aus der Leitschaufel kommende Strahl nicht voll in die Laufschaufel eintritt, sondern zu einem kleinen Teil in den toten Raum entweicht, in dem sich ein mittlerer Druck zwischen dem Anfangs- und Enddruck der Leitschaufel einstellt.

VIII. Lager.

A. Traglager.

Die Traglager sind belastet durch die Gewichte des Läufers, wozu noch eine zusätzliche, nicht genau zu bestimmende Beanspruchung durch die Fliehkraft hinzutritt. Die Wahl der Abmessungen ist insofern nicht mehr frei, als der Durchmesser der Welle meist bereits durch Rücksicht auf die kritische Umlaufzahl festgelegt ist und nur noch die Lagerlänge bestimmt werden kann. Bei dem in Abb. 124 benutzten Beispiel betragen die Auflagerdrücke infolge des Läufergewichtes 1020 bzw. 1040 kg. Mit den dort angegebenen Lagerabmessungen ergeben sich die mittleren spezifischen Lagerdrücke — bezogen auf die projizierte Lagerfläche ohne Abzug für Schmiernuten — zu:

$$k = \frac{1020}{18 \cdot 25} = 2{,}27 \quad \text{bzw.} \quad k = \frac{1040}{20 \cdot 25} = 2{,}08 \, \mathrm{kg/cm^2},$$

sind also verhältnismäßig gering. [Über die örtliche Verteilung und den Höchstwert des Lagerdruckes bestehen umfangreiche Versuche von Lasche[1])]. Dagegen sind die Umfangsgeschwindigkeiten am Zapfen mit

$$u = \frac{\pi \cdot 0{,}18 \cdot 3000}{60} = 28{,}2 \quad \text{bzw.} \quad u = \frac{\pi \cdot 0{,}2 \cdot 3000}{60} = 31{,}4 \, \mathrm{m/sek}$$

recht erheblich. Die Zapfenreibungsarbeit und die Erwärmung der Dampfturbinentraglager werden so groß, daß eine künstliche Kühlung erforderlich ist. Zur genauen Festlegung des Verlaufs des Zapfenreibungskoeffizienten, in Abhängigkeit sowohl von dem mittleren spezifischen Lagerdruck als auch von der Zapfenumfangsgeschwindigkeit, sind aber die vorhandenen Versuche noch nicht ausreichend, da zahlreiche Nebenumstände, wie die Dicke der tragenden Ölschicht, der Einfluß der Lagerlänge usw., noch nicht in vollem Umfang berücksichtigt sind.

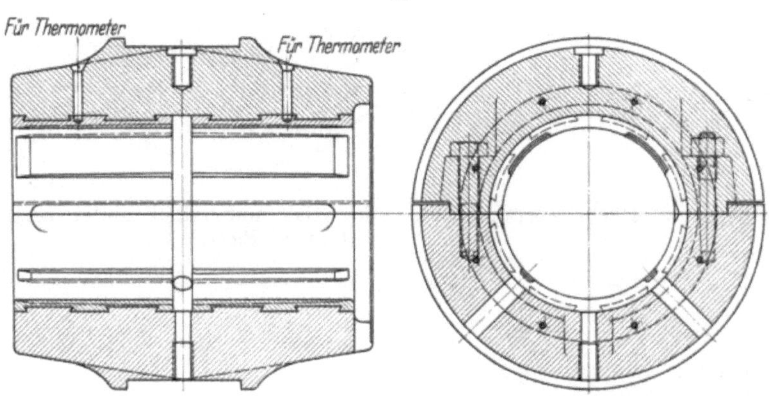

Abb. 135. Unbewegliches Traglager. (Escher Wyss & Cie.)

Die Ölzufuhr muß so reichlich bemessen sein, daß keine metallische Berührung zwischen Zapfen und Lager auftritt, der Zapfen vielmehr auf dem Öl schwimmt und nur reine Flüssigkeitsreibung vorhanden ist. Für regelrechten Betrieb wäre daher der Baustoff der Lagerschale eigentlich gleichgültig, da auch bei höchstbelasteten Zapfen keine Abnutzung stattfinden kann. Obwohl aber nach den Betriebsvorschriften stets vor dem Anlauf der Turbine die Dampfölpumpe in Betrieb zu setzen und für Ölzufuhr in den Lagern zu sorgen ist, ist ein Anlauf unter trockener oder wenigstens halbflüssiger Reibung nicht völlig ausgeschlossen. Die Lager sind daher durchgängig mit Weißmetallausguß versehen, wobei Zinklegierungen wegen der Möglichkeit der Beschädigung des Zapfens ausgeschlossen, vielmehr Zinn- und Bleizinnlegierungen zu wählen sind.

[1]) Dr.-Ing. O. Lasche: Konstruktion und Material im Bau von Dampfturbinen und Turbodynamos, S. 153 ff. Berlin 1920.

Die einfachste Art der Ölzufuhr durch Ringschmierung wird nur noch bei Kleinturbinen ausgeführt, wobei sich der Gehäusedeckel mit dem Ringschmierlager von den üblichen Ausführungen an Elektromotoren und Kreiselpumpen nicht unterscheidet. Größere Turbinen erhalten Traglager, die durch Drucköl sowohl geschmiert als auch gekühlt werden. Die besondere Wasserkühlung der Lagerschalen wird nicht mehr ausgeführt, vielmehr wird das reichlich zugeführte Öl nach dem Verlassen des Lagers in einem besonderen Ölkühler zurückgekühlt. Die zulässige Höchsttemperatur des Öles richtet sich nach der Zähflüssigkeit und der Verdunstung, jedoch darf mit Rücksicht auf das Lagermetall eine Lagertemperatur von etwa 70 bis 80° nicht überschritten werden. Zur Messung der Temperatur sind an allen größeren Traglagern Bohrungen zum Einbringen von Thermometern vorgesehen, die möglichst dicht an die Lauffläche herangeführt sind.

Bei dem im Abschnitt VI E behandelten Wellenbeispiel beträgt die größte Einsenkung des Zapfens am Lagerende infolge der statischen Durchbiegung 0,018 bzw. 0,02 mm, auf den Lagerdurchmesser bezogen also etwa 1 : 10000. Das Lager umschließt

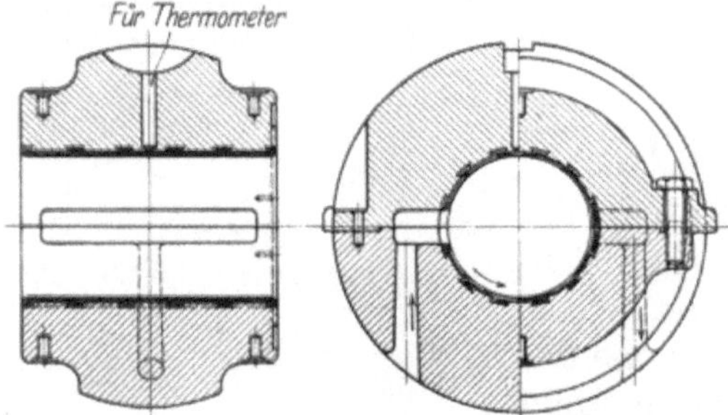

Abb. 136. Traglager mit Kugelbewegung (AEG).

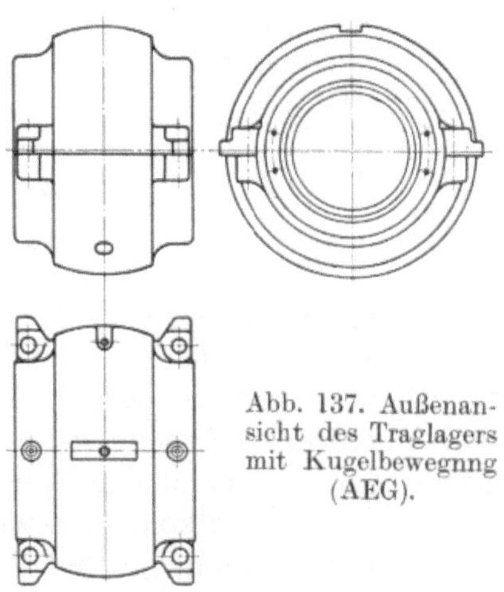

Abb. 137. Außenansicht des Traglagers mit Kugelbewegung (AEG).

den Zapfen aber mit erheblich größerem Spiel, um der tragenden Ölschicht Gelegenheit zur Ausbildung zu geben. Nicht zu schwer belastete Zapfen können daher ein unbewegliches Traglager erhalten, wie es in Abb. 135 nach Ausführung von Escher Wyss & Cie. gezeigt ist. Die breiten und langen Schmiernuten, die geradezu als Ölbehälter zu bezeichnen sind, zeigen das Bestreben, einen möglichst starken Ölstrom zwischen Zapfen und Lager zu bringen. Bei schwerer belasteten Zapfen erfolgt die Einlagerung des Traglagers im Lagerbock entsprechend der in Abb. 136 dargestellten Ausführung der AEG ähnlich den Sellerslagern mit einer Kugel. Bei diesen Lagerschalen ist die Beeinträchtigung der Lagerfläche durch Schmiernuten völlig vermieden; die Ölzu- und -abführung erfolgt durch breite und tiefe, in die Horizontalebene gelegte Rinnen, und zwar so, daß ein reichlicher Ölstrom von dem drehenden Zapfen auf die Unterfläche mitgenommen und an der gegenüberliegenden Seite abgeführt wird. Von diesem für die Kühlung vorgesehenen Öl wird bei der Drehung des Zapfens eine für die Schmierung ausreichende Menge in die obere Lagerschale mitgenommen. Das Ausdrehen der Lagerschalen erfolgt unter Benutzung zweier Zwischenlagen so, daß nach ihrer Herausnahme der Zapfen in der Horizontalebene etwa 0,5%, in der Vertikalebene etwa 0,1% des Durchmessers Luft für die Ölschicht hat. Abb. 137 zeigt die Außenansichten der Lagerschalen. Das übliche Verhältnis der Lagerlänge zum Zapfendurchmesser beträgt etwa 1,5 bis 2, jedoch kommen auch kleinere Lagerlängen vor. Maßgebend ist der mittlere Lagerdruck, der bis etwa $k = 10$ kg/cm² betragen kann. Nach Lasche fällt dabei der Zapfenreibungskoeffizient annähernd mit $k^{-0{,}8}$

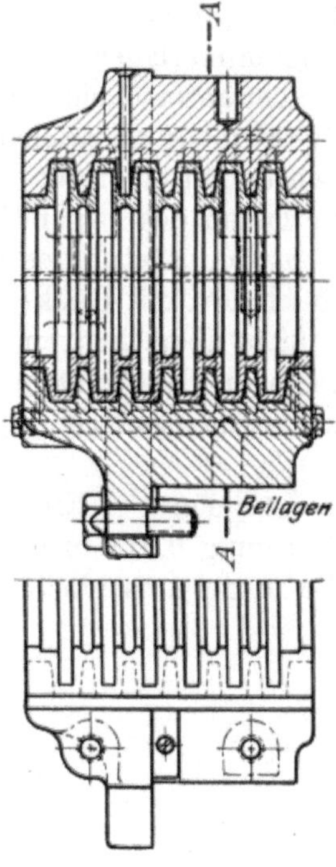

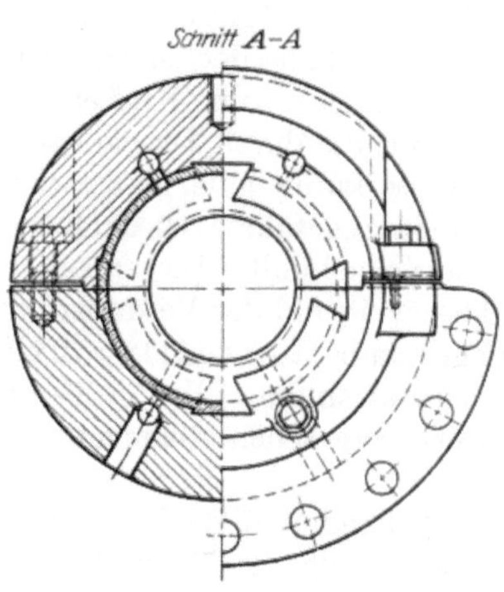

Abb. 138. Kammlager. (Escher Wyss & Cie.)

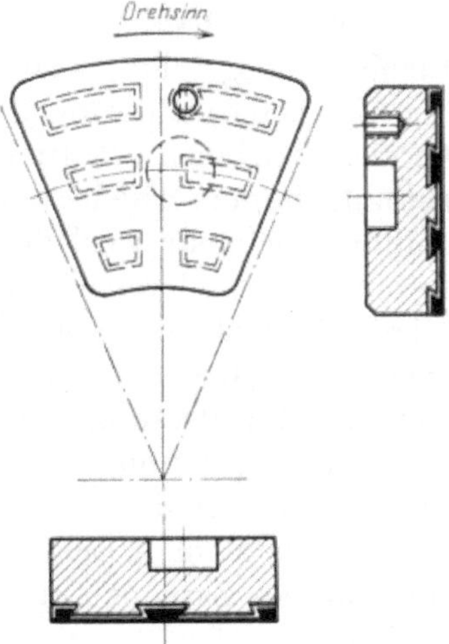

Abb. 139. Tragklotz zum Einring-Block-Drucklager (AEG).

B. Drucklager.

Ein geringer Schub in der Achsrichtung wird bei Gleichdruckturbinen durch die Schaufelreibung hervorgerufen. Er ist gleich der Summe der auf sämtliche gleichzeitig arbeitenden Laufschaufeln entfallenden axialen Komponenten R_a gemäß S. 30. Bei Überdruckturbinen ist der Axialschub erheblich größer, entsprechend der Summe der vom Überdruck herrührenden Axialkomponenten U; er kann durch Ausgleichstrommeln ausgeglichen werden, so daß nur ein bei Belastungsänderung auftretender Rest des Axialschubes in der einen oder anderen Richtung aufzunehmen bleibt. Auch bei rechnungsmäßig völligem Ausgleich ist daher

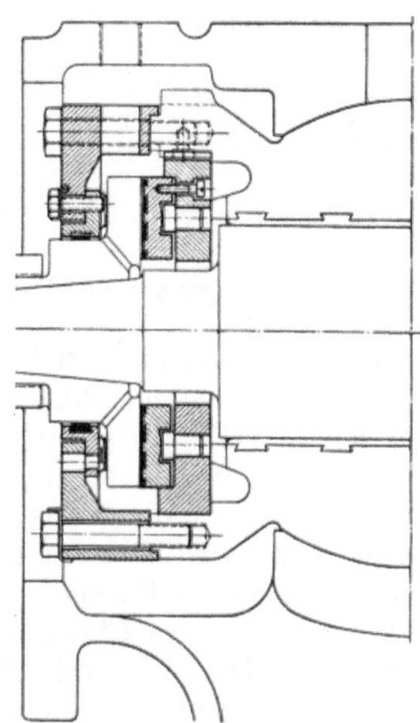

Abb. 140. Einring-Blocklager mit Anschluß an das Traglager (AEG).

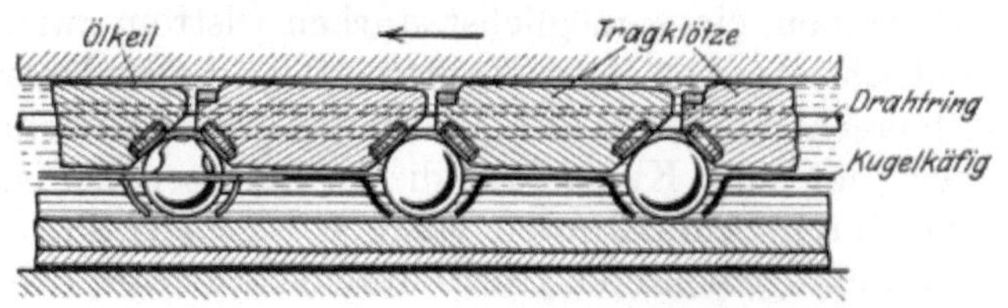

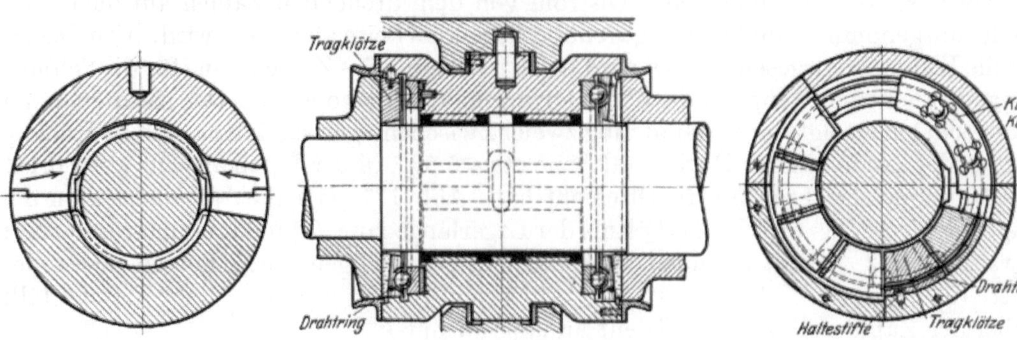

Abb. 141. Vereinigtes Trag- und Drucklager. (Brown, Boveri & Cie.)

sowohl bei Gleichdruck- als auch bei Überdruckturbinen ein Drucklager notwendig, schon um die Lage der Welle festzulegen und damit das axiale Spiel zwischen Leit- und Laufschaufel genau einhalten zu können. Abb. 138 zeigt ein Kammlager mit

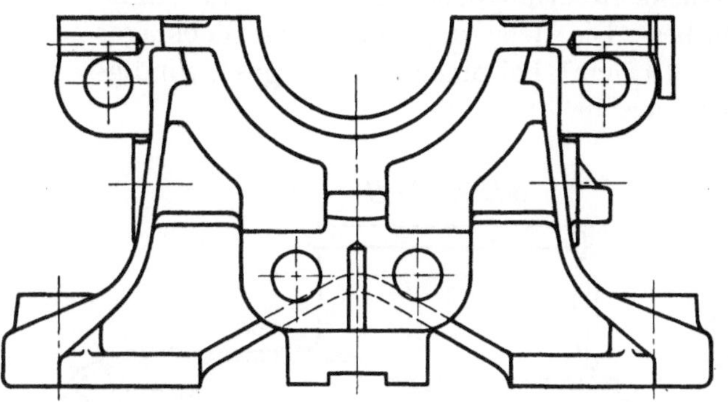

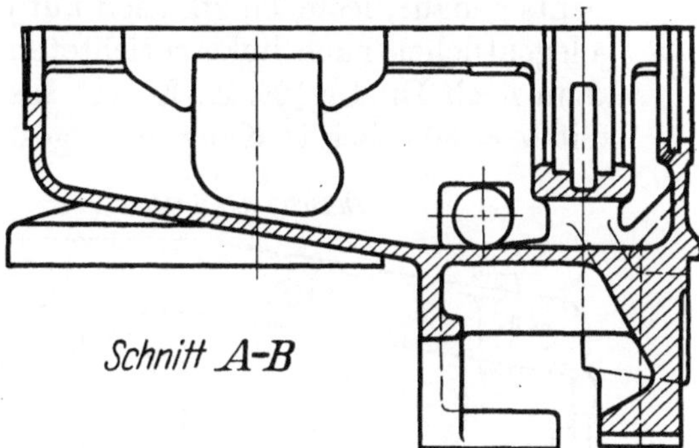

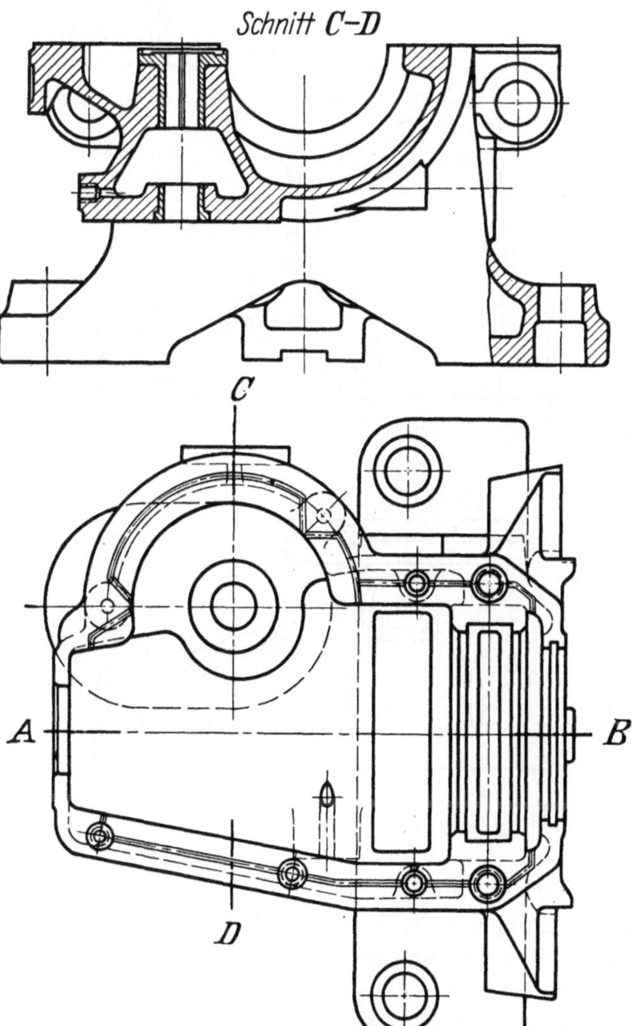

Abb. 142. Vorderer Lagerbock. (A. Borsig.)

6 Kämmen von Escher Wyss & Cie. mit Weißmetallausguß. Ebenso wie bei den Traglagern erfolgt die Kühlung durch reichlich zugeführtes Öl.

Der Dampfverlust der mit Labyrinthdichtung versehenen Ausgleichkolben wird bei größeren Turbinen bedeutend, da die Durchgangsflächen infolge der großen Durchmesser auch bei kleinem Radialspiel sehr groß ausfallen; außerdem wird die Baulänge der Turbine um die Länge der Ausgleichkolben vergrößert. Mit Drucklagern mit mehreren festen Kämmen ist aber der erhebliche Schub nicht aufzunehmen, die Lösung dieser Aufgabe bietet jedoch das Einring-Blockdrucklager nach Michell. Der Grundgedanke dieses Lagers ist die Auflösung der Tragfläche in Segmenttragklötze, die beim Umlauf der Welle einzeln eine Kippbewegung um eine Kippkante oder, wie es in Abb. 140 ersichtlich ist, um einen etwas aus der Mitte verschobenen Bolzen ausführen können. Es bilden sich hierbei an den einzelnen Tragklötzen keilförmige Ölschichten aus, die die metallische Berührung der Tragflächen verhindern, so daß auch die Reibung sehr stark herabgesetzt wird. Die Segmentflächen (Abb. 139) sind in dem Einring-Blockdrucklager der AEG (Abb. 140) eingebaut, das an ein Traglager nach Abb. 136 angeschlossen ist. Die Tragklötze werden auf der Halteplatte durch Stiftschrauben gehalten, die durch reichliches Spiel die Kippbewegung ermöglichen. Bei großen Lagern wird die Halteplatte auf der Rückseite linsenförmig ausgebildet, so daß die Tragfläche sich genau senkrecht zur Wellenachse einstellen kann und die Tragklötze zum gleichmäßigen Aufliegen gelangen. Das Lager ist für Schub nach rechts gebaut, feste Tragflächen auf der Rückseite ermöglichen auch die Aufnahme gelegentlichen nach links gerichteten Schubes. Die Belastung derartiger Blocklager kann nach Dr.-Ing. E. A. Kraft bis $k = 30\,\mathrm{kg/cm^2}$ bei einer Umfangsgeschwindigkeit $u = 60\,\mathrm{m/sek}$ in Klotzmitte gesteigert werden.

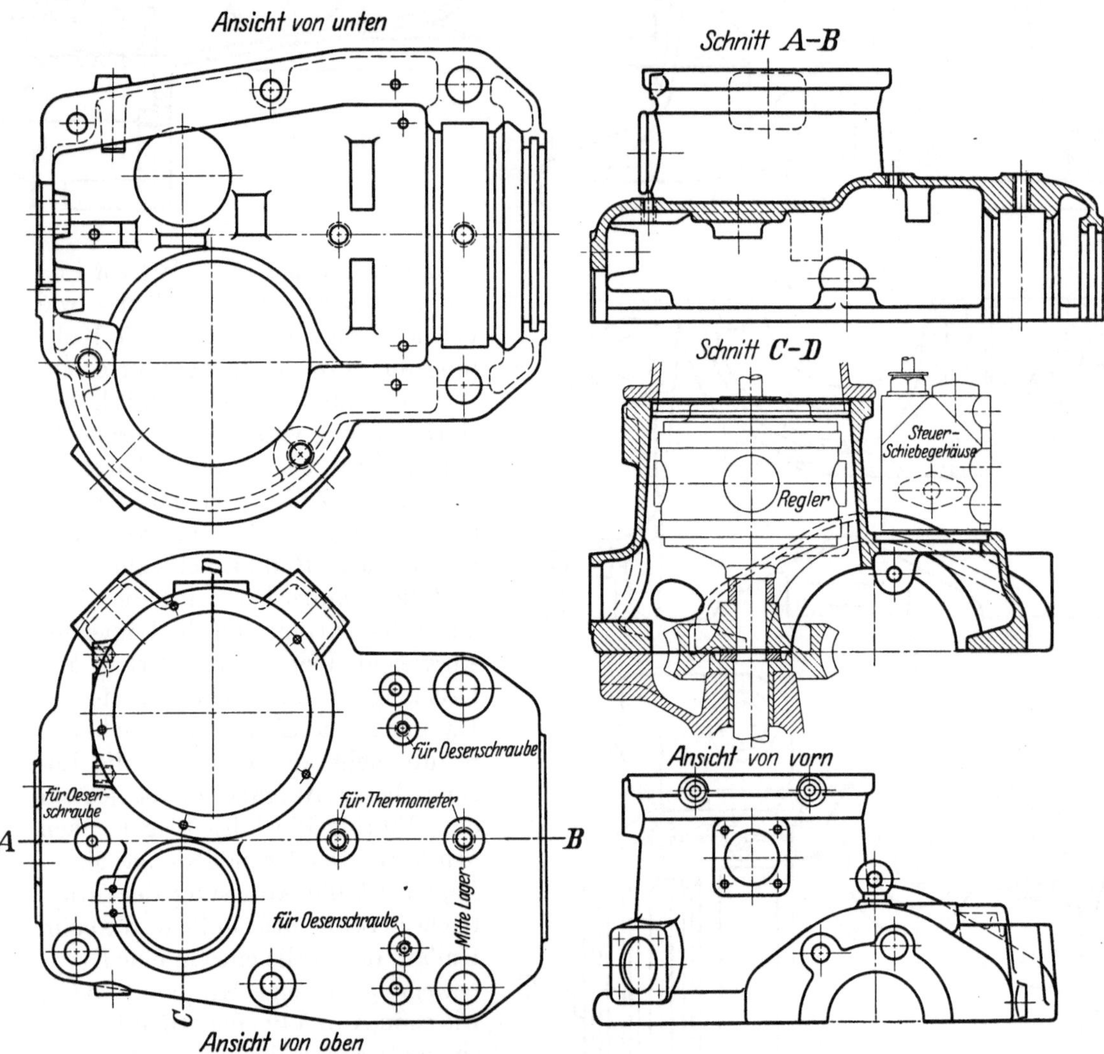

Abb. 143. Deckel zum vorderen Lagerbock. (A. Borsig.)

Eine etwas andere Lösung der Einstellbarkeit der Druckklötze ist bei dem in Abb. 141 dargestellten Drucklager von Brown, Boveri & Cie. gewählt. Die Drucklager sind zu beiden Seiten des Traglagers angeordnet, und auch hier ist die Tragfläche in einzelne Segmente aufgelöst. Die Tragklötze sind auf Stahlkugeln gelagert, und zwar befindet sich je eine Kugel zwischen je zwei Klötzen, durch die die Schrägeinstellung entsprechend der Drehrichtung und zugleich die gleichmäßige Belastung aller Tragklötze erreicht wird. Die Kugeln drücken auf in die Tragklötze eingesetzte Stahlscheiben und werden durch einen Kugelkäfig zusammengehalten. Zur Befestigung der Tragklötze tritt an Stelle der bei dem vorhergehenden Lager vorhandenen Stiftschrauben ein Drahtring, der durch die durchbohrten Tragklötze gezogen ist. Mehrere am Umfang angesetzte Haltestifte sichern die Tragklötze gegen Verdrehung. Die Ölzuführung erfolgt von der Mitte aus, das Öl wird durch seine Fliehkraft nach außen geschleudert.

C. Lagerbock.

Die Einlagerung der Trag- und Drucklager erfolgt in den Lagerböcken. Der Lagerbock auf der Kondensatorseite ist häufig am Gehäuse unmittelbar angegossen, wie aus den Abb. 7, 11 und 13 zu ersehen ist. Der Lagerbock auf der Dampfeintrittsseite wird dagegen meist getrennt hergestellt und auf dem Fundamentrahmen aufgesetzt. Für die Formgebung des Lagerbockes ist maßgebend, daß er auf der Auspuffseite außer dem Turbinentraglager häufig auch noch das Traglager der angekuppelten Arbeitsmaschine aufzunehmen hat und dann Platz für die Kupplung gewähren muß, auf der Eintrittsseite regelmäßig das Drucklager und den Reglerantrieb mittels Schnecke und Schneckenrad oder mittels Schraubenrädern enthält. Als Beispiel eines derartig getrennten Lagerbockes für die Lagerung an der Eintrittsseite sei Abb. 142 nach der Konstruktion von A. Borsig gezeigt. Der zugehörige Deckel ist entsprechend dem Antrieb des Reglers durch Schnecke und Schneckenrad gebaut (Abb. 143). Weiter sind die Stutzen für die Lagerthermometer zu erkennen, zum Anheben des Deckels sind drei Ösenschrauben vorgesehen.

Einzelkonstruktionen aus dem Maschinenbau. Herausgegeben von Dipl.-Ing. **C. Volk,** Direktor der Beuth-Schule, Privatdozent an der Technischen Hochschule zu Berlin.

Erstes Heft: **Die Zylinder ortsfester Dampfmaschinen.** Von Oberingenieur H. Frey, Berlin-Waidmannslust. Zweite, vermehrte und verbesserte Auflage. Mit etwa 115 Textfiguren. V, 46 Seiten. Erscheint Mitte Juli 1927.

Zweites Heft: **Kolben.** I. Dampfmaschinen- und Gebläsekolben. Von Dipl.-Ing. C. Volk, Direktor der Beuth-Schule, Privatdozent an der Technischen Hochschule zu Berlin. II. Gasmaschinen- und Pumpenkolben. Von A. Eckardt, Betriebschef der Gasmotorenfabrik Deutz. Zweite, verbesserte Auflage, bearbeitet von C. Volk. Mit 252 Textabbildungen. V, 77 Seiten. 1923. RM 3.60

Drittes Heft: **Zahnräder.** I. Teil: Stirn- und Kegelräder mit geraden Zähnen. Von Professor Dr. A. Schiebel, Prag. Zweite, vermehrte Auflage. Mit 132 Textfiguren. VI, 108 Seiten. 1922. RM 5.50

Viertes Heft: **Die Wälzlager, Kugel- und Rollenlager.** Unter Mitwirkung des Herausgebers bearbeitet von Ingenieur Hans Behr, Berlin (Berechnung, Konstruktion und Herstellung der Wälzlager) und Oberingenieur Max Gohlke, Schweinfurt (Verwendung der Wälzlager). Zugleich zweite Auflage des von W. Ahrens, Winterthur, verfaßten Buches „Die Kugellager und ihre Verwendung im Maschinenbau“. Mit 250 Textabbildungen. V, 126 Seiten. 1925. RM 7.20

Fünftes Heft: **Zahnräder.** II. Teil: Räder mit schrägen Zähnen (Räder mit Schraubenzähnen und Schneckengetriebe). Von Professor Dr. A. Schiebel, Prag. Zweite, vermehrte Auflage. Mit 137 Textfiguren. VI, 128 Seiten. 1923. RM 5.50

Sechstes Heft: **Schubstangen und Kreuzköpfe.** Von Oberingenieur H. Frey, Waidmannslust bei Berlin. Mit 117 Textfiguren. IV, 32 Seiten. 1913. RM 2.—

Heft 7—9 befinden sich in Vorbereitung.

Das Maschinenzeichnen des Konstrukteurs. Von Dipl.-Ing. **C. Volk,** Direktor der Beuth-Schule und Privatdozent an der Technischen Hochschule zu Berlin. Zweite, verbesserte Auflage. Mit 240 Abbildungen. IV, 78 Seiten. 1926. RM 3.—

Das Skizzieren von Maschinenteilen in Perspektive. Von Dipl.-Ing. **C. Volk,** Direktor der Beuth-Schule und Privatdozent an der Technischen Hochschule zu Berlin. Vierte, erweiterte Auflage. Mit 72 in den Text gedruckten Skizzen. 44 Seiten. 1919. Unveränderter Neudruck. 1923. RM 1.—

Entwerfen und Herstellen. Eine Anleitung zum graphischen Berechnen der Bearbeitungszeit von Maschinenteilen. Von Ing. **C. Volk.** Zweite Auflage. In Vorbereitung

---

Kolbendampfmaschinen und Dampfturbinen. Ein Lehr- und Handbuch für Studierende und Konstrukteure. Von Professor **Heinrich Dubbel,** Ingenieur. Sechste, vermehrte und verbesserte Auflage. Mit 566 Textfiguren. VII, 523 Seiten. 1923. Gebunden RM 14.—

Lasche, O., Konstruktion und Material im Bau von Dampfturbinen und Turbodynamos. Dritte, umgearbeitete Auflage von **W. Kieser,** Abteilungsdirektor der AEG-Turbinenfabrik. Mit 377 Textabbildungen. VII, 190 Seiten. 1925. Gebunden RM 18.75

Ⓦ **Theorie und Bau der Dampfturbinen.** Von Ing. Dr. **Herbert Melan,** Privatdozent an der Deutschen Technischen Hochschule in Prag. Mit 3 Tafeln, 163 Abbildungen und mehreren Zahlentafeln. 288 Seiten. 1922. (Technische Praxis, Band XXIX.) Pappband gebunden RM 2.50

Bau und Berechnung der Dampfturbinen. Eine kurze Einführung von Studienrat a. D. **Franz Seufert,** Oberingenieur für Wärmewirtschaft. Zweite, verbesserte Auflage. Mit 54 Textabbildungen. IV, 85 Seiten. 1923. RM 2.—

Freytags Hilfsbuch für den Maschinenbau für Maschineningenieure sowie für den Unterricht an technischen Lehranstalten. Siebente, vollständig neubearbeitete Auflage. Unter Mitarbeit von Fachleuten herausgegeben von Professor **P. Gerlach.** Mit 2484 in den Text gedruckten Abbildungen, 1 farbigen Tafel und 3 Konstruktionstafeln. XII, 1490 Seiten. 1924. Gebunden RM 17.40

Ⓦ Verlag von Julius Springer in Wien

Elemente des Werkzeugmaschinenbaues. Ihre Berechnung und Konstruktion. Von Professor Dipl.-Ing. **Max Coenen,** Chemnitz. Mit 297 Abbildungen im Text. IV, 146 Seiten. 1927. RM 10.—

Die Grundzüge der Werkzeugmaschinen und der Metallbearbeitung. Von Professor **Fr. W. Hülle,** Dortmund. In zwei Bänden.

Erster Band: **Der Bau der Werkzeugmaschinen.** Fünfte, vermehrte Auflage. Mit 457 Textabbildungen. VIII, 234 Seiten. 1926. RM 5.40; gebunden RM 6.60

Zweiter Band: **Die wirtschaftliche Ausnutzung der Werkzeugmaschinen.** Vierte, vermehrte Auflage. Mit 580 Abbildungen im Text und auf einer Tafel sowie 46 Zahlentafeln. VIII, 310 Seiten. 1926. RM 9.—; gebunden RM 10.50

Keil, Schraube, Niet. Einführung in die Maschinenelemente. Von Dipl.-Ing. **W. Leuckert,** Berlin, und Magistrats-Baurat Dipl.-Ing. **H. W. Hiller,** Berlin. Dritte, verbesserte und vermehrte Auflage. Mit 108 Textabbildungen und 29 Tabellen. V, 113 Seiten. 1925. RM 4.50

Maschinenelemente. Leitfaden zur Berechnung und Konstruktion für Technische Mittelschulen, Gewerbe- und Werkmeisterschulen sowie zum Gebrauche in der Praxis. Von Ing. **Hugo Krause.** Vierte, vermehrte Auflage. Mit 392 Textfiguren. XII, 324 Seiten. 1922. Gebunden RM 8.—

Der praktische Maschinenzeichner. Leitfaden für die Ausführung moderner maschinentechnischer Zeichnungen. Von Betriebsingenieur **W. Apel** und Konstruktionsingenieur **A. Fröhlich.** Zweite, verbesserte Auflage. Mit 117 Abbildungen im Text und 18 Normenblättern. IV, 51 Seiten. 1927. RM 2.25

Das Maschinen-Zeichnen. Begründung und Veranschaulichung der sachlich notwendigen zeichnerischen Darstellungen und ihres Zusammenhanges mit der praktischen Ausführung. Von Professor **A. Riedler,** Berlin. Zweite, neubearbeitete Auflage. Mit 436 Textfiguren. VIII, 234 Seiten. 1913. Zweiter, unveränderter Neudruck. 1923. Gebunden RM 9.—

Maschinenbau und graphische Darstellung. Einführung in die Graphostatik und Diagrammentwicklung. Von Dipl.-Ing. **W. Leuckert,** Berlin, und Dipl.-Ing. **H. W. Hiller,** Berlin. Zweite, verbesserte und vermehrte Auflage. Mit 72 Textabbildungen und 2 Tafeln. VI, 90 Seiten. 1922. RM 1.80

Für den Konstruktionstisch. Leitfaden zur Anfertigung von Maschinenzeichnungen. Von Dipl.-Ing. **W. Leuckert,** Berlin, und Magistrats-Baurat Dipl.-Ing. **H. W. Hiller,** Berlin. Zweite, verbesserte und vermehrte Auflage. Mit 44 Abbildungen im Text, 15 Normblättern und 3 Tafeln. IV, 62 Seiten. 1927. RM 3.60

Leitfaden für das Maschinenzeichnen. Von Dipl.-Ing. Studienrat **K. Sauer.** Zweite, verbesserte Auflage. Mit 159 Textabbildungen. IV, 64 Seiten. 1923. RM 1.50

Freies Skizzieren ohne und nach Modell für Maschinenbauer. Ein Lehr- und Aufgabenbuch für den Unterricht. Von Oberlehrer **Karl Keiser,** Leipzig. Dritte, erweiterte Auflage. Mit 22 Einzelfiguren und 24 Figurengruppen. IV, 72 Seiten. 1921. RM 2.—

Verwendung normalisierter Maschinenteile im Fachzeichnen der Maschinenbaulehrlinge. Von **Otto Stolzenberg,** Charlottenburg. (Sonderabdruck aus „Werkstattstechnik" 1920, Heft 7—11.) 17 Seiten. 1920. RM 1.90